空のアート

大気光学現象の神秘

はじめに

【自然が魅せる神秘の光景】

地震、津波、火山、竜巻――私たちはこれら自然の脅威と直面せざるを得ない状況にあります。しかし一方で、自然はまた思いもよらぬ美しく神秘的な現象を見せてもくれます。素晴らしい朝焼け、大空にかかるいろいろな虹、満天の星空――。そんな自然が魅せる光景、主に気象と天文の現象を本書では一堂に集めました。テーマごとに見開きで写真を、次頁でその現象についての解説をセットとしています。ただし、一般的な雲についてはすでに類書がかなり多くあるので、対象としていません。

収録した現象はあくまで目で見た範囲のもので、顕微鏡や望遠鏡などの機材は必要ありません。流星などの星景《せいけい》写真（星のある風景写真）もよく出てきますが、これらも露出時間はすべて一分間で、目で見たとおりの雰囲気を重視しています（一分間というのは二四ミリ広角レンズで星を点状に写す限界と考えています）。また、雷、竜巻など人に恐怖を与える現象は取り上げていません。

なお、サブタイトルは「大気光学現象」としていますが、必ずしも地球大気中でないものもあります。例えば「大彗星」は宇宙空間の現象ですが、一六世紀にティコ・ブラーエがそのことを証明するまでは、大気中の現象とも考えられていました。「皆既日食」のコロナはいわば太陽のプラズマ化した大気です。「天の川」には宇宙空間の星間ガスが多数存在します。そこで、広い意味で大気に関わる空の現象ということで取り上げています。

また気象現象の絶景であるモンスター（樹氷）や御神渡りも取り上げました。自然現象は単なる物理的なものでなく、それをわれわれの目の前に現すことで、その奥にある何かを啓示しているように思います。

【きっかけはオーロラとの出会い】

私は一〇代より山岳写真をやっていましたが、今までの山岳写真と違う新たな可能性を見い出せないかと模索していた頃、アラスカで素晴らしいオーロラと出会いました。大変衝撃を受け、同時に夜の世界にも目がいくきっかけとなり、星景写真を撮るようになりました。また、オーロラ以外の素晴らしい自然現象を山岳写真に活かそうとも考えました。

しかし、そうはいっても自然は思い通りにはなりません。自然現象を撮影するには、ある程度の根気がいります。簡単に出会えない現象もたくさんあります。天文現象ではその日が曇ったらもう終わりです。私が最も注力している流星の星景写真は、カメラを複数台空に向け、一分間の露光を数時間延々と手動でシャッターを切り続けていきます（フィルムの場合、新月時で絞りＦ一・四、感度一六〇〇、満月でＦ二、感度四〇〇、半月でＦ一・四、感度四〇〇）。その点、デジカメは自動露光機能のあるものが多いので、非常に楽です。

空の現象にかぎらず、自然が発する宝ともいえるシーンをキャッチするためには、自然を見る目を養う必要があります。いうなれば感性や五感をフルに活用すること、またある程度の知識もあれば役に立ちます。本書で初めて目にする現象もあるかと思いますが、それで全てではありません。本書はいってみれば、これまでの私の写真人生の集大成ともいえますが、私自身まだまだ撮影したいシーンはたくさんあります。例えば月光によるブロッケンや映日などです。ただ出会えるという保証はありません。もしかしたら一生かかっても縁がないかも知れませんが。また、生物の魅せる光景も実に神秘的です。ボルネオでホタルの木と星の競演を撮影しましたが、海辺の夜光虫や月夜茸なども撮りたいと思っています。

本書はその現象の解説だけでなく、実際に遭遇したときの状況も述べることで臨場感を、また写真は単に現象だけを撮るのではなく、写真としての美しさにもこだわっています。文中には、撮影アドバイスも少しですが載せています。撮影写真は全て銀塩フィルムですが、巻末には撮影場所、日付などのデータも掲載しています。ネイチャーフォトを愛する人たちへの少しのヒント、そして人間も自然、宇宙の中に生かされていることへの気付きにつながれば幸いです。

目次

CONTENTS

空のアート

大気光学現象の神秘

〈作例・解説〉

11　ダイヤモンドダスト

ダイヤモンドダスト

【幻の絶景】

ダイヤモンドダストというのを初めて知ったのは、二〇代の半ばに北海道にツーリングに行ったときだった。宿泊したユースホステルで、北海道には冬に朝方太陽が出ると、目の前にキラキラ光る現象が見えるときがある、と聞かされた。ただそのときは冬山には行っていたが、冬の北海道はそれほど行きたいとも思っていなかったので、さほど気にもとめなかった。

しかしそれから数年たったころ、あるテレビ番組で「日本列島幻の絶景」というのを見た。その中に「太陽柱《たいようちゅう》」（次項で解説）というのがあり、ダイヤモンドダストが原因となっていることを知った。それ以来、ダイヤモンドダストを見たいと強く思うようになった。

【南アルプスで衝撃の出会い！】

そして思いのほか早く出会いが実現した。番組を見てまもなくの一月中旬、南アルプスの甲斐駒ヶ岳《かいこまがたけ》へ冬山登山に行った。駒ヶ岳山頂直下の駒津峰《こまつみね》（二七五二メートル）にテントを張った。天候が悪くなり、夕食後早々にその日は休んだ。翌朝日が出る前に起きて外を見ると、まだあたり一面ガスだ。しかし日が出るころ、ガスがだんだんと晴れてきた。そして鳳凰三山《ほうおうさんざん》の左から太陽が出てきた。ガスがオレンジ色に染まり、素晴らしい朝の景観に酔いしれた。撮影を終えテントに戻り、朝食後再び外へ出てみると、西にブロッケン（後項で解説）が出ているではないか！　寒さを忘れ夢中で撮影する。

ブロッケンが消失したので撮影を終え、太陽の方を向くと、何とブロッケンを上回る衝撃の光景があるではないか！　鳳凰三山の頭上から大武谷《おおむだに》へ伸びる一条の光の帯、これこそあの太陽柱だとわかるのに時間はかからなかった。やがて時間とともに帯はまばらになり、キラキラしたダイヤモンドダストのイメージとなった。もう頭の中は真っ白だった。しばし興奮冷めやらなかったが、同時に意識してからこんなに早く撮影できたのも何か不思議だった。ちょうどこの日は仙丈岳《せんじょうだけ》に登った人もいて、下山後聞いたらやはり太陽柱が見られたという。おそらく南アルプス北部一帯で見られたのだろう。

【憧れの光景】

ダイヤモンドダストは、およそマイナス一五度以下のとき空気中の水分が凍り、細かい氷の結晶（氷晶、アイスプリズム）となり太陽光が反射し輝く。北海道では町中でも普通に見られる。実際、私も二月下旬に道東の標津《しべつ》町で観測した。しかし北海道や三〇〇〇メートル近い高山でなくとも、本州のスキー場で見たということも聞く。四国・九州山地でも厳冬期はマイナス一〇度を下回ることもあるので、十分可能性はあると思う。本州では、長野・美ヶ原《うつくしがはら》（二〇三四メートル）、霧ヶ峰《きりがみね》（一九二五メートル）、高ボッチ（一六六五メートル）などで観測したという報告や撮影された写真を見る機会が増えてきた。私も長野・志賀高原の渋峠《しぶとうげ》（二一七二メートル）で、一月中旬にかなり長時間ダストが舞っていたのを観測したことがある。

多くの風景フォトグラファーにとって、ダイヤモンドダストは憧れの被写体だと思う。事実、写真展で見事なダイヤモンドダストの写真があると、その前は人だかりとなっている。写真的には単にダイヤモンドダストがキラキラ降っているよりも、南アルプスで観測した光の帯、つまり太陽柱の形態の方がはるかに絵になる。前景に霧氷などを入れるとより雰囲気が増す。また、ダストの密度が高いときは望遠レンズで手前の樹木などにピントを合わせ、絞りを開放ぎみにすれば、ダストのボケが大きくなり夢幻的効果が増す。場合によっては虹色になることもあり、興味は尽きない。

暖冬といわれて久しいが、最近北海道の内陸部では厳冬期にマイナス三〇度まで下がった、というニュースを聞く。さぞ素晴らしいダイヤモンドダストが現れていたことだろう。このダイヤモンドダストにより、後項で述べるさまざまな神秘的な現象を生じさせる。それは大気光学現象中、最も素晴らしいものだと思う。ダイヤモンドダストは、厳寒を享受する人たちへの自然からの素晴らしい贈り物だ。

15　大陽柱

太陽柱、映日

【一般的な太陽柱】

前項で太陽柱についてちょっと触れたが、通常太陽柱といえば、朝夕まだ太陽が低いとき太陽の上方、あるいは上下に観測される短い光の帯をさすことが多い。この場合、目の前のダイヤモンドダストでなく上空の氷晶、あるいは高層雲《こうそううん》や高積雲《こうせきうん》などの氷晶に反射して生じている。ただし氷晶があるだけでなく、氷晶が水平な状態で安定していることが条件となる。氷晶は平板な形をしているからだ。ちょうど日よけに部屋の窓ガラスにブラインドを付けたとき、差し込む太陽の光でブラインドに縦の光の帯が生じるのと同じ原理だ。なお、太陽柱はサンピラー（英語）と呼ばれることも多い。

太陽柱というと寒い時期の現象と思われるが、この場合は季節や場所には関係ない。夏でも上空は氷点下となるからだ。たまに朝、夕焼け雲の中に太陽柱が写っている写真を見ることがある。私も一一月初め、南アルプスで高積雲の朝焼け雲とともに撮影したことがある。しかし前項の南アルプスのように、目前にある大量のダイヤモンドダストによって生じるもののほうが、はるかにエキサイティングで感激も大きい。

【太陽柱の名所・名寄】

ではその素晴らしい太陽柱を観測するのに、体力のいる厳しい冬山に行かないとならないのだろうか。太陽柱は太陽の真下に生じるので、太陽と自分の間が谷間になっている地形が条件となる。この場合、バックの山肌が逆光でシャドウとなり、スクリーンの役割を果たしてくれる。そんなおあつらえむきの場所が、北海道名寄市《なよろ》にある。ピヤシリスキー場にある九度山《くどさん》だ。道北内陸部にある名寄は道内屈指の寒さだ。冬でも比較的好天が多い。標高六七四メートルの九度山にはリフトがあり、上部へ運んでくれる。谷間には冬でも凍らない川が流れ、この川からの水分がダイヤモンドダストの供給源となっている。

私が初めて名寄に行ったのは、南アルプスで初めて太陽柱を観測した二年後の一月だった。地元のフォトグラファーのグループと、まだリフトが運行していない南向きの斜面を徒歩で登った。対岸の尾根から日が出るころ、上空に短いが太陽柱が出現した。しかし、そのときの成果はそれだけだった。次に行ったのは一九九五年の一月中旬。リフト運行前、雪上車に乗せてもらい上部で待機する。条件が整えば太陽柱が現れるが、あいにく曇っている。あきらめかけていたが、何と雲の薄い部分からの薄日で出現したではないか！ 予期せぬことが起こるから自然現象は面白い。

観測時期は一二月下旬から翌年の二月いっぱいくらいだろう。条件が良ければ一〇時近くまで観測できることもある。名寄は太陽柱で町興しをしているし、太陽柱や大気光学現象を撮影している写真愛好家のグループもある。北海道では近年、富良野《ふらの》で撮影されたものを多く見る。丘陵が多く観測に適しているのだろう。新しい太陽柱の名所となっているようだ。撮影のポイントは前項で述べているが、露出オーバーには注意したい。

太陽柱は太陽の光を受けて輝くので、そのときの太陽の色と同じになる。一月中旬、長野県志賀高原の渋峠で夕刻に観測したものは、初め黄色だったが太陽が低くなるにつれオレンジ色になり、同時に太陽柱もオレンジ色となった。またこのときは、太陽の周りの雲が彩雲（後項で解説）となった。両者を同時に撮れる願ってもないチャンスだったが、太陽柱と彩雲の明暗差が大きく彩雲の方が露出オーバーとなってしまった。ハーフNDフィルターが必要だった。

【映日】

ところで太陽高度が高いとき、地平線をはさんで太陽と同じくらい下方に、スポット的に縦長の光点として観測される場合がある。これを特に「映日《えいじつ》」（サブサン）と呼ぶが、太陽柱の一つの形態といってもいいだろう。名寄での薄日で出現したものも、映日といっても間違いではないと思う。映日はしばしば飛行機からも下方に観測されることがある。何の知識もなければそれこそUFOか、と思ってしまいそうだ。またカナダで撮影された、非常に強く集光した映日の写真を見たことがある。

19　円形映日

円形映日、月光柱、光柱

【森の中からUFO出現！】

映日で特に印象に残っているものがある。二回目の名寄訪問のときで、大変成果が多い結果となった。初日は前項薄日での太陽柱、二日目は地元の写真家グループとピヤシリ山頂に宿泊した。さて表題の映日だが、三日目の朝に再び九度山でのことだった。朝一番のリフトで山の上部へ行ったが、なかなか太陽柱が現れなかった。もう九時を過ぎており、今日はだめかとあきらめ斜面を北方に横切ったとき、太陽方向の斜面下方に丸い光点があるではないか！　その姿はまるで森から出てきたUFOのようだ。少しすると今度は紡錘状に姿を変え、やがて縦に伸びたりして消失した。

ダイヤモンドダストの形状や分布密度などにより形を変えていくのだろう。消失するまで三〇分ほどの光のショーだった。それにしてもえらい太陽柱を見たものだ（当時は太陽柱と映日の区別をしていなかった）、と思い斜面を徒歩で下った。地元の写真家に聞いてもこのような円形の映日は珍しいという。そしてロッジに着き遅い朝食となったが、テレビには衝撃の映像が映し出されていた。忘れもしない一九九五年一月一七日、あの阪神大震災の朝だった。

【月光柱】

光源が太陽だから太陽柱というわけだが、実は太陽以外でも同様の現象は起こる。月の場合は「月光柱《げっこうちゅう》」（ムーンピラー）というが、月は満月でも太陽の四〇万分の一の明るさなので太陽柱と比べ短いのが特徴。だいたいは月自体が多少上下に伸び、短い光の帯が月の上下に現れるというもの。私は月光柱は二回しか観測していない。二回目の名寄訪問のとき、満月前の宵に観測を試みたが、月光柱は観測できなかった。しかし、円形映日を観測した翌日の夜明けについに対面できた。今にも森に沈まんとする満月の上方に、わずかに伸びる光の帯があった。薄明（後項で解説）で空も青味がかり、樹木もほんのりとディテールが出て、月光柱の撮影には最高の時間だ。さほどインパクトはなかったが、厳かな北国の森の光景であった。

二回目は、それから一〇年以上経ったやはり一月だった。ピヤシリスキー場の駐車場で日が沈み、東から昇ってきた月の上下に現れた。このときは後述する光柱と同時に見られた。月光柱の場合、もちろん光量が最大の満月もしくはその前後あたりがよいと思うが、半月以上あれば十分観測可能と思う。また一般的な太陽柱同様、冬以外でも観測できるだろう。撮影に当たっては、夜間月のある風景を撮るのと変わらないが、露出は月齢や薄明中かによっても異なるので段階露光は必要だ。また広角レンズだと月が小さくなってしまうので、中望遠レンズ以上がいいだろう。カバー袖の掲載写真は二一〇ミリで撮影している。

【光柱】

光源が人工光のときは「光柱《こうちゅう》」（ライトピラー）と呼ばれる。実は光柱は初めて名寄に来たとき早々と観測してしまった。車でロッジに向かうとき前方に坂があり、坂を上る対向車のライトが上向きになったとき現れた。名寄では光の強いピヤシリスキー場のナイター照明で観測されることが多い。人工光による光柱の場合は太陽、月と比べ、光源が観測者に近いので上空高く伸びるのが特徴。外灯でも生じるが赤、青色であれば光柱も同様にカラフルとなる。冬にオーロラ（後項で解説）を観測しに極北へ行ったら、夜間滞在する街の人工光で見られるかもしれない。日本では冬から春先にかけ、日本海で漁火によるものもしばしば観測される。上空に青白い光の柱が何本も出現する光景は大変幻想的だ。空を多く入れ、月光柱と同様、段階露光で撮影したい。

太陽、月、人工光ときたわけだが、何と金星でも生じることがある。「金星柱《きんせいちゅう》」（ビーナスピラー）というが、実際に撮影された写真を見ている。イメージは月光柱をずっと小さくした感じだ。こうなると金星より明るい三日月なら、なおさら可能性は高いことになる。さらに金星の次に明るい木星ではどうだろう。光量が少なくなればなるほど肉眼では変化がわかりづらくなるので、望遠レンズなら「木星柱《もくせいちゅう》」（ジュピターピラー）を捉えられるかもしれない。

23　幻日，幻日環

幻日、幻日環

【雨でもないのに虹？】

一九八九年一〇月下旬、北アルプスの北穂高岳《きたほたかだけ》を訪れた。カラマツの黄葉が美しい上高地を経て、もうすっかりナナカマドの紅葉が終わった涸沢《からさわ》から新雪の南稜を登り、山頂にある山小屋に宿泊した。翌日、同宿者と一緒に朝の景観を撮影した。撮影が終わりそろそろ小屋へ戻ろうとしたとき、同宿者が東の常念岳《じょうねんだけ》の上を指差し、「あっ、虹が出ている！」と叫んだ。あわててその方向を見ると、虹という形状にはほど遠いが確かに虹色をした斑点が見えている。虹のほんの一部といった感じだ。しかし虹は雨上がりに出現する。天気は良く雨が降ったとは思えない。もちろん撮影はしたが、そのときは「不思議な虹の仲間があるものだ」程度にしか思わなかった。それが「幻日《げんじつ》」だと知ったのは、次項で述べる笠ヶ岳《かさがたけ》で遭遇してからだった。

幻日は、太陽を中心に左右に二二度離れた位置に出現する。生成メカニズムは、上空の薄雲などにある六角形の平板な氷晶が太陽の光を屈折させ生じさせる。左右といってもどちらかに一つのことも多い。太陽に近い方が赤色となる。また氷晶の状態によっては、虹色でなく白っぽい光点のようにもなる。太陽が地平線近い低空時から見えるが、六〇度以上のときは見られない。

また、にせ太陽とも言われ、実際鮮やかに強く輝く様は本物の太陽と見まがうほどにもなる。そのため古来より「天に二日あり」といわれた。英語ではサンドッグ、モックサンなどと呼ばれている。意識していれば、大気光学現象の中では比較的出会うことの多い現象だ。太陽を入れた撮影は、二四ミリくらいの広角レンズで段階露光し、また望遠レンズで幻日の部分をアップで撮影するのもよいだろう。

【鎌沼の幻日と幻日環】

印象深い幻日がある。一九九六年九月末、福島県吾妻連峰《あづまれんぽう》にある鎌沼《かまぬま》に行った。かつて「星空への招待」が行われていたことで有名な浄土平《じょうどだいら》の少し上方にある、針葉樹に囲まれた美しい沼だ。鎌沼に行く途中、太陽に日暈（後項で解説）がかかっていて、よく見ると白っぽく幻日も認められた。ただこのときは薄かった。鎌沼のある酸ヶ平《すがだいら》に着き、空を見上げて驚いた。右側の幻日が濃くなり、しかも幻日から太陽と反対方向に、長く白い尾を引いているではないか！

この長い尾は「幻日環《げんじつかん》」と呼ばれる。幻日環は、六角平板の氷晶の六角形の面が地面と水平、もしくは六角柱状の氷晶の六角形の面が地面と垂直に浮かんでいるのが条件となる。幻日は、太陽光が氷晶に屈折することで生じるが、幻日環は氷晶の側面に反射することで生じる。したがって太陽と同じ白色となる。太陽を貫くこともあるし、まれに何と太陽から上空をぐるりと一周することもあるという。そのため「白虹日を貫く《はっこう》」と古来よりいわれてきた白虹は、幻日環のことといわれている。この日は、一四時半頃から一時間も現れたり消えたりしていた。鎌沼を去る時、右側の幻日環がまたひときわ長くなった。

【百武彗星との符号】

鎌沼で過去最長の幻日環を観測したわけだが、この年の三月、百武彗星《ひゃくたけすいせい》（後項で解説）がやってきた。丸い彗星核から長大な尾を伸ばす光景に天文ファンのだれもが酔いしれたが、鎌沼で見た幻日と幻日環が百武彗星とオーバーラップしてしまうのだ。幻日が彗星核なら、幻日環はまさに彗星の尾そのものだ。形もさることながら、長さまでもほぼ一致している。そういえば、この年の三月は毎週のように幻日が観測された。太平洋側では冬季は雲のない晴天が続くが、三月になると雲も多くなり、しかもまだ寒いので氷晶が多く、幻日と遭遇する機会が多くなるのだろう。

なお、明るい映日の両側にも二本光柱が出現することがある。これを「映幻日《えいげんじつ》」というが、私は最初明るい映日が光源となり、幻日と同じ原理によるものと思っていた。しかし、この場合は太陽光の反射により生じるものということが判明した。名寄の写真家が撮影したのを見たが、私にとってはこれこそまさに幻の光景だ。

自然は偉大なマジシャンだ。神秘的で不思議な大気光学現象の場合、そのタネは氷晶によるものが多い。幻日はいろいろなバリエーションがある。次項では特に思い出深いものについて述べたい。

27　幻日

いろいろな幻日、幻月

【穂高の神光】

北穂高岳山頂での初遭遇から一年後の一一月下旬、同じく北アルプス笠ヶ岳に行った。二五〇〇メートル以上は真っ白で、もう完全に初冬の装いであった。クリヤノ頭付近でキャンプをし、暮れゆく槍・穂高連峰や、その星景写真を撮影した。翌日は、今まで味わったことがないくらいの素晴らしい朝焼けで始まった。槍・穂高の頭上に見事なレンズ雲が何層もかかり、赤く色付いているではないか！　夢中で撮影しテントに戻り、朝食後再び外へ出た。

すると、奥穂高岳のすぐ真上に実に鮮やかな虹色の斑点があるではないか！　急いで撮影する。斑点の上には左右に伸びた雲の帯があり、これまた実に見事な脇役を演出している。時間がたつにつれ、形状も変わってきた。色は薄くなったが、初めは丸かったのが多少上下に伸び、やがて消失した。

それにしても何というシーンだろう。幻日のメカニズムは科学的に説明できる。だが、それが穂高連峰で最も高い奥穂高岳（三一九〇メートル）の真上に出現することに、科学や人智を超えた何かを感じずにはいられない。まさに「穂高の神光」といわずして何といえようか。このときの幻日は今までの中で最も鮮烈な色だった。そしてこの日、神は二度現れたのだ。それも再び三〇〇〇メートル峰の頭上に。

私は撮影が目的なので、笠ヶ岳の頂上には行かずこの日に下山した。昼過ぎ南方向を見ると、何と今度は乗鞍岳《のりくらだけ》（三〇二六メートル）の上空にかなり高いが、朝同様、鮮やかな幻日が出ているではないか！　しかも短いが左方向へ幻日環も出している。一日に二度も見事な幻日と出会えたことに感謝しつつ、無事下山。このときの強烈な印象により、書籍でそれが幻日と呼ばれる現象だと知った。

太陽柱や映日でもそうだが、いったんこのような現象を発見したら、できるだけ長時間付き合いたい。思わぬ変化を観測できることもあるし、幻日の場合、いったん消えても再び現れることもある。

【三日を捉える】

前項、鎌沼では太陽の両側に幻日は出ていたが、左側のものは結局濃くなることはなかった。それに色も白色だ。私は太陽と間違えるくらいの幻日が太陽の両側に輝くシーンを見たいと思っていた。つまり、二日ならぬ「天に三日あり」という光景だ。北アルプス立山連峰の剱御前《つるぎごぜん》で五月の夕刻に大日岳の真上に出現したが、今一つだった。その他、鮮やかなものが出ても片側ばかりだった。

イメージ通りの幻日はだいぶ後になって、それもアメリカで観測できた。二〇一一年八月中旬、ユタ州のキャニオンランズ国立公園で。コロラド川とグリーン川の浸食ででき、有名なグランドキャニオン以上のスケールといわれるグランドサークルの絶景地だ。夕刻、車で展望台へ向かう途中気が付いた。あわてて車から降りて撮影した。太陽を直接入れるときは、薄雲などもあることから段階露光をした方がよい。

アラスカなどの極北地方や南極では、両側の幻日が縦に長く伸び、まるで太陽柱のようなものも出現する。これは氷晶が不ぞろいになっているからだという。冬に極北地方にオーロラ観測に行ったら、ぜひ幻日も意識してほしい。オーロラとはまた違う、日本では見られないような壮大な光と色彩のスペクタクルに感激するだろう。

【幻月への神秘のリレー】

太陽が光源だから幻日というわけだが、では月の場合はどうだろう。結論からいえば「幻月《げんげつ》」もある。二〇〇〇年七月一六日、この日は日本で皆既月食（後項で解説）が起きた。私は長野県霧ヶ峰で観測した。天候も良く、皆既の一部始終を観測でき充実した夜となった。しかし、ドラマはそれで終わらなかった。完全に満月の姿に戻った月の両側に、白い斑点を確認できた。しかも月の上部には上端接弧（後項で解説）まであるではないか！　満開のニッコウキスゲの上で繰り広げられた何とも神秘的な光景に酔いしれるしかなかった。どちらかといえば、幻日・幻月は寒い季節のものという印象があるが、このときは真夏だ。皆既月食から幻月への神秘のリレー。まさに「霧ヶ峰・真夏の夜の夢」であった。

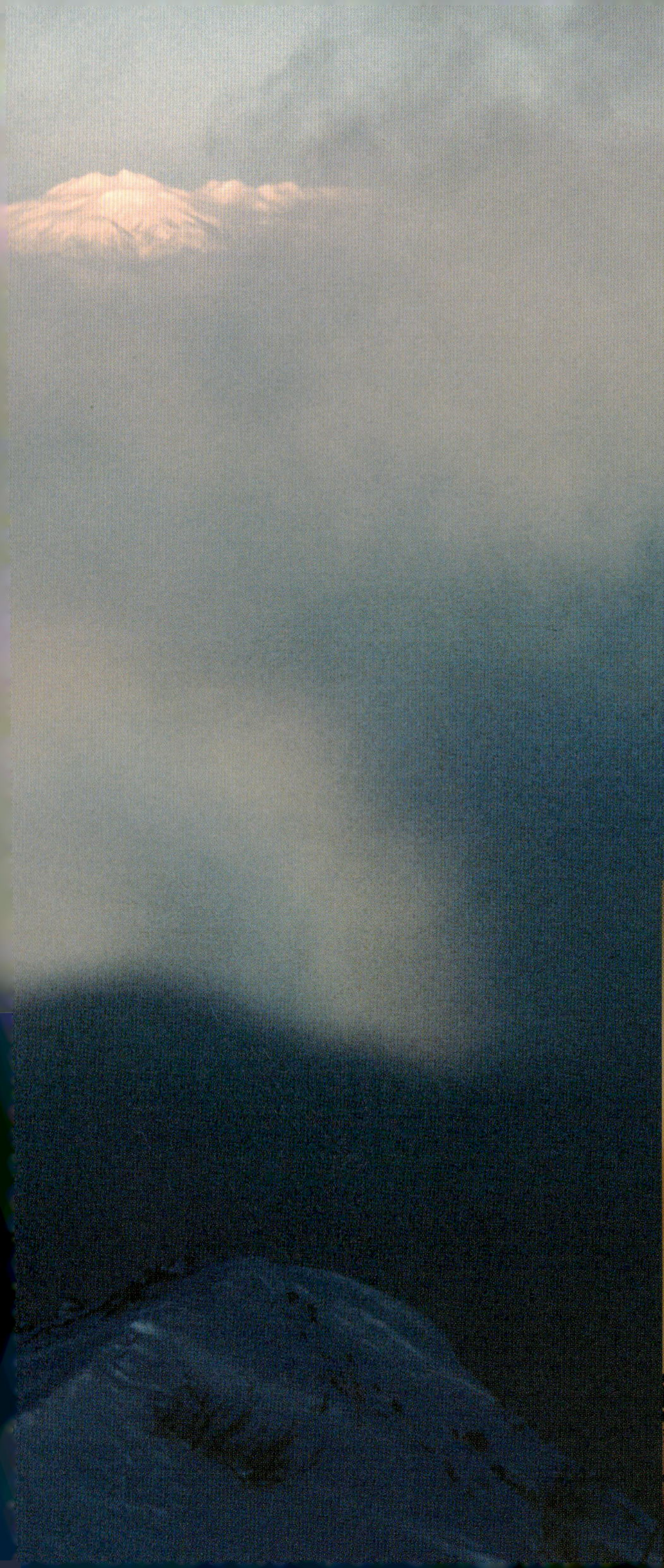

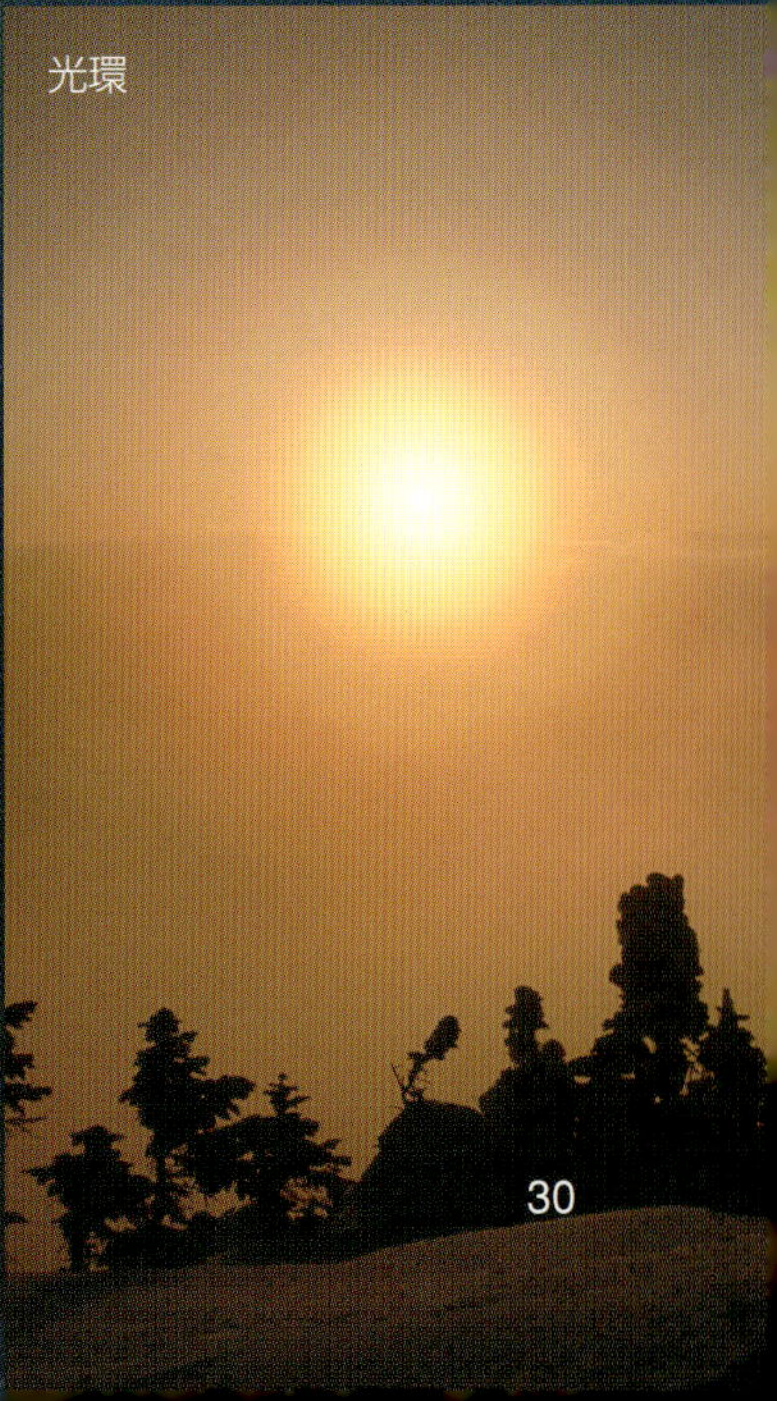

光環

31　ブロッケン

ブロッケン、光環

【ブロッケン】

ブロッケンという現象を知ったのは中学生くらいのときで、世界の謎を紹介する本の中で「ブロッケン山の妖怪」として出ていた。舞台はドイツのブロッケン山。一人の登山者が山中で霧に出くわし、背後から日が差したとき、目の前に大きな人の影が現れた。怪物だ！　と思ったが、手を上げると影もまた手を上げたではないか。怪物の正体は、結局自分の影だとわかったという話だ。

私が初めてブロッケンと出会うのは、その話から一〇年少々を経た夏の日だった。北アルプス立山から笠ヶ岳を縦走したとき、終着点となる笠ヶ岳山荘に荷物を置き、夕方の撮影をしていた。穂高岳にガスがかかり、西日で穂高の山肌に現れた。しかし影はよくわかったが、影の周りの虹のリングははっきりとは現れなかった。槍ヶ岳を開山した播隆上人《ばんりゅうしょうにん》も、笠ヶ岳でブロッケンを見たという。

ブロッケンのメカニズムは、雲やガスの水滴に太陽光が回折、反射することにより生ずる。輪の外側は波長の長い赤、内側は波長の短い青色となる。日本では仏の後光とか御来光と呼ばれ、昔から神聖なものとあがめられてきた。二重、三重の輪になることもあるし、まれに大きな白虹のリングが取り囲むこともある。ガスと自分との距離により影の大きさが異なる。出会えたら最も自然の神秘、不思議を感じられる現象だと思う。四季を問わず見られる。ただ、穂高以外でも北海道の石狩岳や芦別岳、新潟・長野県境の苗場山《なえばさん》など出会ったのは夏場が多い。最も感激したのは、ダイヤモンドダストの項でも述べたが、厳冬期の南アルプスのものだった。

ブロッケンを観測するには山頂近辺や稜線に滞在するとよい。朝夕谷にガスが湧いたら、太陽と正反対の方向（対日点）を注意しよう。名前の由来となったブロッケン山でよく見られると思うが、中国に黄山という世界遺産に登録されている山がある。ガスや雲海の名所なので、こちらも出現頻度は高いだろう。

しかし何も山へ行かなくてもよい。飛行機からでも観測できる。この場合は、太陽と反対の窓側の席をとろう。条件さえそろえば、少々太陽高度が高くても下方に出現するだろう。また福島県只見町では朝方の川霧により出現し、橋上から観測できる。

撮影にあたっては、広角レンズだと画面に占める面積が小さくなり、出会ったときの印象通りでないケースがある。したがって中望遠レンズでアップぎみにし、背景に山稜や山肌を入れて撮るとよいだろう。

【光環】

一見ブロッケンと似ている現象に「光環《こうかん》（光冠）」というのがある。どちらも美しい虹色のリングだが、決定的に異なるのは、ブロッケンが太陽と正反対の方向なのに、光環は太陽の周りに生じる。メカニズムはブロッケン同様、光の回折による。「おぼろ月」と呼ばれる春の高層雲に生じることが多い。雲の水滴の大きさがそろっていると、虹色のリングになる。ブロッケンと同様、輪の外側が赤、内側が青となる。不ぞろいだと茶色っぽく色付く。二〇一二年五月二一日の金環日食のとき、黄金のリングの周りが茶色に色付いた光環の写真をあちこちで撮られたのを見た。快晴ももちろんいいが、これはこれで趣がある。

私は志賀高原・横手山頂で厳冬期の夕方に見たものが、最も印象に残っている。樹氷を前景に太陽高度が低く、ガスで減光されているのでダイレクトに撮影することができた。太陽光が強い場合はよく太陽を隠して撮影するケースが多い。雲やガスの水滴以外でも、春先の花粉により生じることもある。また曇った窓ガラスに外灯などでも生じる。案外身近な現象だ。著名な山岳写真家のもので印象深い写真がある。尾瀬で撮影されたものだが、池に反射した太陽光が池を覆っているガスにより光環を生じさせているもので、非常に夢幻的だ。光環は直接太陽を入れるので、段階露光をしたほうがよい。写真的には、強い光源と一緒に撮るので、広角レンズでも画面内の存在感はブロッケン以上にあるだろう。

光環は月によるものもしばしば観測される。月の周りを茶色に色付くものから、きれいな虹色のリングになることもある。厳冬のアラスカ・デナリ国立公園で、美しい虹色の光環を観測したことがある。

35　月暈

日暈、月暈

【日暈】

「日暈」（ひがさ又はにちうん）は、太陽の周りに生じる白っぽい輪で前項の光環より大きい。あまり空を意識しなくても見た人は多いはずだ。数ある大気光学現象中で、出現頻度では文句なくチャンピオンだろう。特に春は多く見られ、ＧＷには頻繁に観測した。薄雲である巻層雲《けんそううん》に生じやすく、雲中の氷晶に太陽光が屈折して生じる。太陽を中心に二二度の半径を描くのを「内暈《うちがさ》」、四六度のを「外暈《そとがさ》」という。通常観測されるのは内暈が多い。太陽光の屈折なので、太陽に近い側に赤味がかることもある。ただ氷晶の向きがランダムなので、虹ほど鮮やかではない。よく出現するので、当然撮影対象としてもポピュラーな現象だ。なお、暈は英語でハロと呼ばれ、日暈や月暈のことをハロ現象と呼ぶこともある。

撮影する場合はよく広角レンズで全体を入れるが、一部を切り取り前景と組み合わせて構成すると、むしろ新鮮でインパクトのある写真となる。だいぶ前に福島県・吾妻連峰で七月、鮮やかな日暈が出現したので樹木を前景に大胆に下部を切り取った写真は、「何か今にもＵＦＯが降りてきそうな雰囲気」と言われたことがある。月虹（後項で解説）を撮影したアメリカ・ヨセミテでは、雲が多いなか左側上部が見えていたので、すかさず岩峰を下に構図を決めた。

【月暈】

日暈がわりと頻繁に出現しているので、当然「月暈」（つきがさ又はげつうん）もよく観測される。月暈は半月以上あれば十分だ。初めて撮影したのは二〇年近く前の一月だった。しぶんぎ座流星群を撮影する前に出現した。流星が活発になるころは消えてしまったが、いつか月暈と流星を同時に撮影したい、という思いが芽生えた。それを実現させるには月暈の出やすい春に活動する流星群で行うのが最も良いので、ＧＷに活動するみずがめ座流星群でトライした。この流星群は一時間あたり五～一〇個程度の出現だが、数日間活動するのでチャンスはある。しかし半月以上の月齢、しかも流星が飛ぶ夜半後に月がないと無理なので、しぶんぎ座流星群から二年後となった。

ちょうどGWに満月となり、お気に入りの撮影地、長野県・川上村で念願の月暈と流星の競演に挑戦する。何と初日の夜に早々と月暈が出た。しかしこの流星群は深夜二時以降にならないと飛ばない。残念だが、その時間帯は左上の弧しか残っていなかった。それでも不完全な月暈と流星の競演はゲットできた。翌日は悪天、その次の日は天気が良すぎて月暈は現れなかった。

なお月暈と流星の競演は、その後カナダで思いもよらぬ形で実現する。夏にオーロラとペルセウス座流星群の競演に挑戦すべく、カナダのイエローナイフに行ったとき（オーロラの項参照）、全く予想だにせず月暈が現れた。そして月暈が引き寄せたかのように、流星が月暈めがけて飛んだのだ！　撮ろうと意識すれば撮れず、全く意識のないところで実現してしまう。不思議なものである。

【その他】

川上村で月暈を撮影していたとき、月暈の上部に開いたV字型の線が見られた。これは、「上端接弧《じょうたんせつこ》（上部タンジェントアーク）」と呼ばれるもので、下部に生じれば「下端接弧《かたんせつこ》（下部タンジェントアーク）」と呼ばれる。日暈の上端接弧は虹色に色付いているものもある。また、上端接弧のすぐ上に円弧が生じることもあり、「パリーアーク」と呼ばれる。外暈の上端には環天頂アーク（後項で解説）が生じる。

幻日から内暈へ下に接するように伸びる円弧は「ローウイッツアーク」、太陽を一周する幻日環の太陽と反対の位置には「反対幻日《はんたいげんじつ》」、その反対幻日を中心に半径三五度、ないし三八度の輪を「ブーゲの暈《かさ》」という。理論的にこれらは同時に出現する可能性もあるが、私の経験では内暈、幻日、上端接弧、環天頂アークの同時出現が最多である。これは三月に北八ヶ岳で観測した。このときは一七ミリ超広角レンズで収めることができた。いつどこでどういう現象と遭遇するかわからない。撮影レンズはとっさの場合でも対応できるよう準備しておきたい。日暈、月暈も太陽、月を直接入れるので、段階露光をした方がよい。

それにしても大気光学現象は奥が深い。一生かかっても全てを見られるだろうか。

39　白虹

白虹

【白い虹があるなんて！】

虹の色は七色というのはだれでも知っていよう。しかし、常識と思っていたことが根底からくつがえされることがある。もう二〇年ほど前、私の所属している写真の会の部会で二ヶ月に一度定例会を行っていた。皆が撮影したスライドを持ち寄り、ベテランのネイチャーフォトグラファーが品評するというものだ。あるとき、会員の一人が尾瀬で撮影した「白虹」（はっこう又はしろにじ）の写真をスライド上映した。派手さはないが、真っ白なアーチが空にかかる様は神秘さを与えるには十分だった。会員のだれもが魅入っていた。このとき初めて白の虹があることを知った。

それ以来、白虹のことが頭から離れなくなった。もちろん自分も撮りたいと思ったが、いかんせん情報が他になかった。会員の人も偶然撮影したものだと思う。そもそも私は気象現象の中でどういうわけか、虹とはほとんど縁がなかった。白くなるメカニズムは、通常の虹（次項で解説）と比べ水滴が小さい場合、お互いの色が干渉しあい白くなる。しかし、白虹がどういう条件のときに発生しやすいのかはわからなかった。だがそれ以来、尾瀬に何度か行くうちにだんだん情報も得るようになった。

尾瀬ヶ原に行ったとき、宿泊した小屋に白虹の写真が飾ってあった。撮影者もいたので「どういうときにこの虹は出ますか」と聞くと、彼は「台風の後晴れたときに出やすいね」と答えた。しかし台風となると行くのが大変だし、来る前からだと期間も長くなる。ちょっと難しいので、あるとき電話で尾瀬ヶ原のある山小屋に、「白い虹を撮りたいのですが、どういう条件のときに出やすいですか」と聞いてみた。すると「まず基本的に晴れていること、そして朝霧が出ていること」との返事。

なるほど、キーワードは霧だ。事実霧虹ともいわれる。そういえば、本書にたびたび登場する新潟県・苗場山で六月、登山中に眼前の霧がパッと晴れてきたとき一瞬白いアーチ状になった。また新潟県・奥只見に行ったとき、夜霧が出てきて、そのとき後方から来た車のライトで前方にやはり一瞬アーチのようなものを見たことがある。つまり尾瀬の白虹も前方に霧があれば、後方からの太陽光により生じるはずだ。ならば尾瀬ヶ原に霧が出やすい秋口がよいだろう、との結論を得た。

【霧を追え！】

さっそく九月中旬に尾瀬ヶ原へ行った。しかしこのときは結局撮影できなかった。ただ、夜間の星景写真を撮っているとき霧が立ち込め、折からの下弦前の月光で照らされた。アーチは認識できなかったが、現像してみるとはっきりと白い「株虹《かぶにじ》」が写っていた。株虹とはアーチのない根本部分だけの虹だ。それでもこれで確かな手ごたえを得た。それにしても尾瀬は星景写真には泣かされる。晴れていても、すぐに霧が出てきてしまう。

そして翌年の一〇月初旬、ついに待望の対面となった。尾瀬ヶ原の竜宮小屋に宿泊し、翌早朝小屋を出て撮影ポイントへ向かう。霧が出ているが上空は晴れている。もう太陽は地平から出ているはずだ。そして六時半近く霧が薄くなったとき、ついに白いアーチが現れた！

しかも何ということか。折からの月齢一七の月とアーチが重なっているではないか！　思わず近くで撮影していた人たちにも、「白い虹が出ていますよ」と声をかけた。やがて目の前の霧がなくなると白虹も消失した。しかし霧は原の端の方にまだある。私は急いで霧に向かって歩を進める。「霧よ、まだ消えないでくれ」と祈りながら。霧に近づくと再び白虹が眼前に現れた。霧と自分との距離を一定に保つ、つまり霧を追うことが長く白虹を観測するポイントだと思う。あとは広角レンズを向けるだけだが、私はプラス一段露出補正をしている。

尾瀬では通常の虹よりもむしろ白虹の方が出やすいのではないだろうか。白虹を見るのなら尾瀬ヶ原が最も手っ取り早いだろうが、条件さえそろえばもちろん他でも観測できる。

虹はいろいろなバリエーションやシチュエーションがある。次項でそれらを述べたい。

43　月光虹

いろいろな虹

【多様な虹】

通常の七色の虹について今さら説明の要はないだろう。自然現象の素晴らしさ、面白さを最初に教えてくれるのが虹だと思う。しかし近年は夏季の夕立もなく、なかなか見る機会もない。私はいろいろな場所に行っているが、不思議なことにあまり虹には出会わない。もちろん何度かはあるが。しかし考えてみれば、虹の出やすい南の海や熱帯地方にはほとんど行っていなかったのだから当然ともいえる。虹は水滴を通った太陽光が屈折、反射することで生じる。各色により屈折率が異なるから七色（外側から順に赤・橙・黄・緑・青・藍・紫）になる。一般には雨上がりの虹をイメージするが、シチュエーションは多い。滝や波しぶき、身近なところでは噴水、ホースで水を撒いているときも生じる。

虹の種類は多く、主虹の外に副虹が見えることもある。いわゆる「二重虹《にじゅうにじ》」だ。水滴がそろっていると、水滴に反射した光が干渉し、主虹の下に淡く色付くことがある。これを「過剰虹《かじょうにじ》」という。水滴が小さいときは前項の「白虹」、さらに月光バージョンである「月虹」（つきにじ又はげっこう）だ。

私は今まで、虹は太陽柱や映日よりも出会うことが難しいと思っていた。太陽柱は季節と場所を選べば遭遇の確率は高い。しかし虹も場所により出やすい時期はある。晩秋の日本海側ではよく時雨れる。そんなときは当然虹が出やすい。また岩手県には七時雨山《ななしぐれやま》というのがある。一日に七回も時雨れるくらい天候の変化が目覚ましいのだろう。そんなところだから虹も出やすいと思う。だったらもっと虹と出会えただろうと思われるかもしれない。私が虹に縁遠かったのは、結局他の現象ばかり目がいっていたからだろう。

【イエローストーンの月白虹】

二〇〇九年八月、アメリカ大自然の象徴ともいえるイエローストーン国立公園に行った。主目的はペルセウス座流星群だが、間欠泉・温泉池・石灰棚などの撮影も楽しみにしていた。夜間は当然それらを入れた流星写真にトライするが、以前間欠泉に月虹がかかっている写真を見たことがある。間欠泉は天然の噴水のようなものだから虹はかかる。あわよくばそれに流星もと考えていた。しかし、月虹の条件に適した間欠泉はなく、間欠泉と流星の競演だけの写真にとどまった。

しかしいつも思うのだが、自然は本当に人間の想像を超えたシーンを用意してくれるのだ。温泉池で最も美しいといわれる「グランド・プリズマティック・スプリングス」は、日中池が一面の湯気で覆われていた。それが夜間の気温低下により頭上高く上昇していた。折からの下弦前の月が背後にきたとき、目を凝らすと白いアーチがあったのだ！　何と流星と虹の競演は、全く思いもよらぬシチュエーションで実現してしまった。結局二枚写真を撮ることが出来た。ただいつも湯気があるとは限らない。出会いの不思議さを感じずにはいられない。

【ヨセミテ滝の月虹（月光虹）】

月白虹は撮影できたものの、大空にかかる月虹は通常の虹以上に出会うことは難しい。「虹の州」と呼ばれるハワイのものが有名だ。「ルナレインボウ」とも呼ばれる。日本でも最近は滝壺にかかる月虹の写真を見ることがある。こちらは月との位置関係を把握すれば比較的容易だ。普通の虹さえ満足に撮影していない私は、滝の月虹なら天候さえ良ければ撮れると思い、二〇一一年四月下旬、アメリカ・ヨセミテ国立公園のヨセミテ滝でトライした。三段に分かれ全落差七三九メートル、世界でも有数の大滝だ。

この時季のヨセミテ滝は雪解けまっただ中で、轟音を周囲に轟かせていた。ちょうど「こと座流星群」の活動期で、滝・月虹との競演を狙っていた。この日は下弦前の月で深夜に自分の背後にくる。滝との距離がかなり離れていて肉眼ではよく認識できなかったが、現像したフィルムにははっきりと虹が写っていた。ただ小規模な流星群である、こと座流星群は残念ながら一個も捉えられなかった。なお、ヨセミテ滝は盛夏には枯れてしまう。また二月下旬には、大岩壁エルキャピタンにかかる滝が夕日を浴び、真っ赤に染まる光景が見られる。

47　環水平アーク

環天頂アーク、環水平アーク、雪面の宝石

【環天頂アーク】

「環天頂《かんてんちょう》アーク」は、太陽の上方四六度の位置に生じるやや弓なりの虹のような現象だ。「逆さ虹」とも呼ばれる。六角平板の氷晶に太陽光が屈折することで生じる。太陽に近い側が赤色となる。太陽の高度が三二度より高いと生じない。後述の環水平アークとともに、日暈や幻日と比べ出現頻度はずっと少ない。年間を通して観測されるが、空を意識しない通常の日常生活では出会う機会はほとんどないだろう。そのため鮮やかで長時間出現し、多くの人目に触れられると一体何なのか、気象台への問い合わせが殺到するだろう。

一〇月下旬、長野県・北八ヶ岳の白駒池で昼過ぎに何気に上を向いたら出ていたので、あわててカメラを取りに小屋へ戻ったことがある。やはりカメラはとっさのときに対応出来るように、常に肌身離さず持っていたい。撮影しに現地に戻ったときはもう旬を過ぎてしまう。しかしここであきらめてはいけない。また復活する可能性があるからだ。大気光学現象はできるだけ長く付き合いたい。

【環水平アーク】

環天頂アークが太陽の上方に生じるのに対し、「環水平《かんすいへい》アーク」は下方に生じる。「水平虹」とも呼ばれ、メカニズムは環天頂アークと同様の原理だ。やはり太陽側が赤色となる。太陽の下方四六度の位置に出来るため、太陽の高度が高い時期の正午近辺の時間に観測される。日本では、およそ四月から九月にかけてだろう。氷晶で生じるから、寒気がきたときなどチャンスかもしれない。初めてこの現象を知ったのは、白虹の項でも述べたスライド上映会で、やはり白虹を撮影した会員が見せてくれたときだった。その会員は車の運転中にバックミラーに映り、あわてて車から降りて撮影したそうだ。そのときは正式な名称はわからなかったが、後に環水平アークと知る。

通常は水平に長いが、短いときもあり、夏に自宅前で撮影したときは彩雲（次項で解説）と思っていた。六月下旬にスイスのユングフラウヨッホに行ったときは、登山電車の途中駅の窓から発見した。乗車中「消えないでくれ」と祈りながら、三四五五メートルのヨッホに着いた。思いが通じたのか、内暈とともに素晴らしい光景が出迎えてくれた。可能な限り付き合い、時間とともに変化する様子を夢中で撮影した。

カラコルム山脈のチョゴリザ峰（七六五五メートル）の真上に出現した、非常に鮮やかな環水平アークの写真を見たことがある。撮影地の標高が五〇〇〇メートル近いのでより氷晶に近く、なおかつ空気も限りなく澄んでいるので、平地とは比較にならない美しさだろう。いつかはそのようなシーンに出会いたい。

【雪面の宝石】

環天頂アークも環水平アークも氷晶により光が屈折されて色付くわけだが、このような氷晶による色付きは実は身近なところで観察できる。それは冬に雪面で。もう二〇年以上前の一二月、奥日光のさらに奥の鬼怒沼湿原《きぬぬましつげん》に行った。昼下がりに雪面の写真を撮ろうとしゃがみこみ、よく雪面を見ると狭い範囲だがあちこちに赤、黄、緑、青、紫色に光る点があるではないか！　何か宝物を見つけた気持ちになり、夢中で撮影したのをよく憶えている。これは雪面の氷晶（ダイヤモンドダスト）が太陽光を屈折させることで生じている。そのときの自分の視線と氷晶から屈折してくる光の角度と一致する色が見えるわけだ。そして自分の視線を移動させれば角度が変わり、今度は別の氷晶からの色となる。

それにしても、虹色に輝く様はまさに「雪面の宝石」だ。撮影にあたっては、望遠レンズで絞りを変えて撮ると面白い。開放にすればぼけが大きくなり、今度は「雪面に咲いた花」だ。

なお、鬼怒沼湿原の夜は月明かりがあったので月光でも試みたが、角度が合わなかったのか色は付かなかった。雪面以外でも灌木などに付いた霜でも生じると思う。晩秋や早春のころ、降った雨が樹木に凍りつき（雨氷《うひょう》という）、やはり光を屈折させて色付いた写真を見たことがある。また、このような現象は水滴でも観察できる。自宅前の樹木の先端に雨が降った後の水滴で太陽光が当たると、やはり色付いた。

51　彩雲

彩雲、雲の形

【彩雲】

朝・夕焼けは別として、空に浮かんでいる白い雲がいろいろな色だったらさぞ面白いと思う。一つ一つの雲全体が赤や緑の単色というより、雲の一部が何色かに色付いているのは比較的観測される。「彩雲《さいうん》」と呼ばれるもので、巻積雲《けんせきうん》や高積雲で太陽の側の部分、あるいはちぎれ雲などで見られる。鮮烈な色合いのものは大変美しいので、昔から慶雲《けいうん》・瑞雲《ずいうん》などと呼ばれ、縁起がいいと言われている。色が付くメカニズムは、雲を構成している水滴や氷粒が太陽光を回折することによる。前項のブロッケン・光環と同様の原理だ。虹色幻日や環天頂（水平）アークも、水滴と氷晶の違いさえあるものの、広義には彩雲と言ってもいいと思う。実際、鮮やかな幻日や形の崩れた環水平アークなどを彩雲と認識するケースもあるだろう。

初めて美しいな、と意識したのは二〇年以上前、年末に南アルプスの塩見岳《しおみだけ》に登ったときで、朝方塩見岳の真上に現れた笠雲《かさぐも》に生じた。その後、年末に北アルプス穂高平に行ったときも出現し、同宿で後に写真仲間となった方に「あれは彩雲といって寒いときに出やすい」と教えられた。二月に日光白根山で見たときは、流れるクラゲのような雲が太陽を隠したとき縁に生じ、雲越しの太陽がクラゲの目玉のようになり、非常に不気味であった。また太陽柱を観測した名寄・ピヤシリ山でも頻繁に出現していた。掲載写真は志賀高原・渋峠のものだが、やはり一月だ。

私自身、彩雲は冬季に多く観測しているがもちろん夏でも見られる。一九九三年の冷夏では、霧ケ峰で撮影された美しい彩雲の写真を見た。また乾季のボリビア・ウユニ塩湖、アメリカのデスバレー国立公園でも見たが、いずれも乾燥した場所であり、彩雲が見られるイメージは持っていなかった。

また写真でもほとんど見ないが、月光でも生じる。夏に北海道・利尻岳《りしりだけ》へ登山したとき、避難小屋で夕食後、昇ってきた月により生じた。

彩雲は意識していれば案外見られる機会が多い。樹木などを入れ、色付きの美しい部分をアップで撮るとよい。彩雲に遭遇すると、一瞬メルヘンの世界に来たような気分になり楽しいものだ。

【雲の形】

雲の面白さは色だけではない。風により鳥や動物のような形にもなる。実際、羽を広げた飛鳥のような雲の写真を見ることがある。私も一〇月に北八ヶ岳で飛ぶ鳥のような雲を撮影したことがある。こうみると、風に乗り空を飛ぶ鳥の形は理にかなった必然の結果なのだと思う。

【真珠母雲】

彩雲は高度一〇キロメートル以下の雲による現象だが、高度一〇～五〇キロメートルの成層圏《せいそうけん》に生じる「真珠母雲《しんじゅぼぐも》」というのがある。夜光雲同様、私はまだ観測したことはないが、広義の彩雲なので説明したい。極成層雲とも呼ばれ、冬季の北極圏・高緯度地域や南極で観測される。雲の高度は二〇～三〇キロメートル、氷粒で出来ている。彩雲同様、太陽光の回折で生じるが、氷粒の大きさがそろっているのでより鮮明な色になる。また雲の高度が高いので太陽が沈んだ後も観測できる。薄暗い群青色の空に、ひときわピンクやオレンジ色に輝く姿は妖しいほどの美しさだろう。北欧のオーロラ観測地帯で、一二月から一月に観測報告を聞くので、この時季オーロラ観測に行かれる方は注意するとよいだろう。

【夜光雲】

真珠母雲は成層圏だが、その上の中間圏（五〇～八〇キロメートル）には「夜光雲《やこううん》」というのがある。真珠母雲同様、高緯度地方、北緯（南緯）五〇～七〇度の初夏から夏季に観測される。日没後または日の出前の空に青白く輝くという。夏の中間圏は気温が低く、夜光雲も氷粒で出来ている。産業革命後に観測され始めたといわれ、地球環境との関係も興味深い。また、太陽活動とも関係があるという報告もある。近年はより低い緯度での観測報告も聞く。二〇一一年の年末、宮城県でこの雲が観測されたのではと話題になったのは記憶に新しい。私も以前から見たいと思っているのだが、なかなか実現せずにいる。

55　朝焼け雲

朝・夕焼け雲、月焼け雲

【朝・夕焼け雲】

虹の項でも述べたが、太陽は七つの色から成立っている。空が青いのは、波長の短い青い光が大気を構成する分子などに当たり散乱するからだ。ところが朝夕太陽が地平線近くにあるときは、大気の層を斜めに通ることになり、通過する距離が長くなる。そうなると波長の長い赤系の光しか届かない。その結果、雲もオレンジや茜色に染まる。

朝焼け、夕焼けで雲が染まるシーンは風景写真では定番だ。しかし逆に嫌っている写真家もいた。理由はというと、無理に撮らされている感があるからとか。私など最初はこのシーンを撮りたくて山へ行っていたようなものだ。初めのころ広角レンズの絞りを開放にしたこともあり、見事に色収差が出てしまった。実際、山で見る朝・夕焼け雲は格別なものがある。街中でも素晴らしい夕焼け雲に遭遇したら、親が子に「夕焼けきれいね。見てごらん」と言っている。どちらかというと朝焼けの方がさわやかで、夕焼けの方が色彩的にどぎつい印象がある。夕焼けの方が大気中に塵、埃が増えるから赤い波長の光がより散乱するからだろう。なお、太陽が沈んでも雲は高いので、しばらく色付いていることもあり、撮影にあたっては留意するとよい。

火星では地球と比べ大気が非常に薄く、塵や埃が多いので日中は赤い光が散乱し赤っぽく、夕焼けは逆に青っぽくなる。ちょうど人の営みに合わせるかのように朝焼けは活力を与え、夕焼けは一日の労をねぎらっているようだ。自然は素晴らしい計らいをするものだ。

【台風接近の朝】

もう何度素晴らしい朝・夕焼け雲を見たかわからない。その中で特に印象深いものがある。苗場山で遭遇した朝焼け雲だが、ペルセウス座流星群極大日（流星が最も出現する日）の翌日から、接近する台風の影響を徐々に受けた。その夜も引き続きペルセウス座流星群を撮影したが、次々と雲が去来し、しかも動きも早く、動感のある面白い星景写真となった。撮影が終わり、いったん山小屋へ戻り休憩する。

朝日が出る前に小屋を出て、東側の見晴らしの良い場所に移動し、再び撮影を開始する。日の出はもうすぐだ。東上空には大きな雲がある。太陽が地平線から出るとみるみる染まっていく。しかし今まで見た朝焼け雲とちょっと違う。まるで雲全体が色鮮やかな鳥の羽毛のように輝いている。美しいが、ちょっと異様でもある。そういえば、昨日の朝は反対方向の岩菅《いわすげ》連峰《れんぽう》の頭上に茜色に染まった雲が炎のように立ち上がっていた。

台風接近により湿気を大量に含んでいるから、このような通常とは異なるドラマチックな朝焼け雲となるのだろう。湿気の高い熱帯地方の朝夕焼け雲も、実に鮮烈な色合いだ。

【月焼け雲】

「月焼け雲」、ちょっと聞きなれない言葉だろう。月は太陽の光を反射しているので太陽光と同じ成分だ。したがって太陽同様、地平線近くにあるときは黄色や赤色になる。実際赤くなっている月を見た人もいるだろう。肉眼ではわかりづらいが、そのとき月の近くにある雲も黄や赤に色付く。また、月と反対方向の低空の雲も色付くことがある。私が初めて赤い月を意識して見たのはもうだいぶ前、アラスカにオーロラ撮影に行ったときだった。

アメリカのデスバレー国立公園でふたご座流星群を撮影したとき、沈む上弦の月によって生じた赤い雲を撮影した。色付きが最高潮のときに流星と一緒に撮れれば最高なのだが、思うようにいかないのは自然写真の常だ。それでも何とか色付きが終わる直前に一枚撮れた。星景写真は色彩的に寒色がちで、変化に乏しい。月焼け雲は、星景写真に貴重な暖色を取り入れられる数少ないチャンスでもある。

撮影にあたっては、月が地平線に近づくにつれ空は暗くなるので露光を増やす必要があるが、ある程度経験している私も、どこで絞りを開けるかは正直勘で行っている。段階露光をしたほうがよいだろう。

59　月焼けの樹氷

朝・夕焼け、薄明焼け、月焼け

【朝焼け・夕焼け】

この項でいう「朝焼け・夕焼け」とは、ドイツ語でいうモルゲンロート、アーベントロートのことで、雪山などが昇る朝日、沈む夕日によりオレンジやピンク色に染まる現象のことだ。朝日、夕日とも地平線もしくは水平線際では、前項で説明したとおり黄、オレンジ、ピンク色となるので、雪山や樹氷など白いものを照らすと、当然照らされた対象物も同様の色となる。

風景、山岳写真愛好家では最もエキサイティングなときではないだろうか。それを撮影するために、厳寒の夜明け前から三脚を立ててじっと待機している。しかし、太陽の出る方向に薄雲でもあろうものなら、せっかくの苦労も台無しになってしまう。雪山以外でも、たとえばアメリカのブライスキャニオンやレッドキャニオンなど、もともと赤系のものは毒々しいくらい赤く染まる。

私が厳冬期の日本アルプスに登山していたのも、目的の一つはこのシーンを撮影することだった。雪山の場合、撮影するのに気にとめたいことは、冬と春先では地平線から出る（または沈む）太陽の位置が異なること。冬至の一二月下旬ころは最も南に寄る。三月の彼岸のころはほぼ真東となり、五月のＧＷのころは北に寄っている。したがって同じ撮影地から同じ雪山を撮る場合でも、時期により微妙に陰影がついたり、全面がピンク色に染まったりする。地図で目的の山などの位置関係を見ながら、あれこれ思いをめぐらせるのも楽しい。

【薄明焼け】

「薄明《はくめい》」（後項で解説）では、太陽の出没に伴い地平線が白っぽく光るが、その光でも雪山などが染まることがある。いってみれば太陽が出る前の先光、沈んだ後の残光である。樹氷など目の前の対象物では、地平線まで開けていることが必要だ。もちろん、ダイレクトな太陽光には及ばない。ほんのりとピンクがかる程度だ。九八ページの樹氷はまさにそんな時間で撮影した。雪山でもモルゲンロートの前、アーベントロートの後、もう少し撮影すれば薄明焼けも捉えることができるかもしれない。

【月出焼け・月没焼け】

「月出焼け・月没焼け」、これも前項の月焼け雲と同様、大部分の人は初めて聞く言葉だと思う。正式な名称はなく、ここでも便宜的に使った言葉だ。両方合わせて「月焼け」と呼んでもいいだろう。しかし、現象自体はれっきとした事実。もう察しがつくと思うが、太陽の出没によりモルゲンロート、アーベントロートがあるように、月でも同様なことが起こるというもの。ただ、月は満月でも太陽の四〇万分の一の明るさなので、肉眼でははっきり認識しづらい。しかし撮影してみると、確かに黄色から赤銅色に写る。

月は満ち欠けするので、光量が一番多い満月が最も効果がある。ただし、満月では月焼けは時間的に無理だろう。満月の出没時間は太陽の出没時と近くなり、全体にまだ明るいので月の光の影響がほとんどないからだ。月焼け現象は真っ暗な闇になってこそ効果がある。月の大きさは半月以上あれば十分なので、チャンスは結構ある。撮影にあたっては、月の出没時刻を理科年表や天文誌、あるいはインターネットで事前に調べておくとよい。月が地平線に近づくにつれて暗くなるので、露光を増やす必要がある。月の場合は太陽と比べ暗いので、条件はよりシビアだ。月方向に薄雲でもあれば効果はない。しかし前項で述べたように、雲が焼けて色付くシーンが撮れる。

志賀高原・横手山頂でふたご座流星群を撮影したとき、西方の北アルプスに沈む上弦過ぎの月光で樹氷が黄、ピンク色に染まる様を撮影した。色付くわずかな時間に流星がアングルに入るのは大変難しいが、運よく流星も捉えることが出来た。なお、月がある程度の高さ以上で露光をかけると日中に近い雰囲気になる。月焼けも月焼け雲や薄明とともに暖色を取り入れられるチャンスでもある。星景写真を長くやっている人なら、経験的に月焼けに気が付いている人もいるだろう。月をテーマとした写真集や書籍はいくつもあるが、月焼けはまだまだ知られていない現象だろう。

蜃気楼

63　くびれた太陽

四角い太陽、蜃気楼

【四角い太陽】

太陽の形が丸いのはだれでも知っていよう。しかし白虹の項でも述べたが、自然というのはときに常識を覆す光景を見せることがある。「四角い太陽」もそんなシーンの一つだ。初めてその存在を知ったのは、もう二〇年以上前に、オートバイ雑誌で北海道・道東の特集をしたときだった。開陽台で地平線から昇る四角い太陽の写真が掲載されていた。不思議に思ったが、厳冬期にはこんな風に見えることもあるのか程度にしか思わなかった。

当時はまだ自然現象の写真は撮影していなかったが、その後テレビ番組「特報王国」で紹介され、実際に見たい気持ちが強くなった。しかし四角くなるメカニズムや、どういう条件のときに出やすいかもわからない。ただ厳冬期の現象というだけだ。

その後、書籍で調べたり現地の観光協会に問い合わせたりして、それが「太陽の蜃気楼《しんきろう》現象」であることを知る。そして実際に撮影にチャレンジするのは、何年も後になってからだった。

【野付半島の蜃気楼】

四角い太陽は厳冬期に現れるというので、とにかくその時期に北海道に行くしかない。今から一〇年以上前の二月、別海《べっかい》町の海を臨む民宿に宿泊し撮影を試みた。道東のこの時期は、寒さは厳しいが結構晴天率は良い。しかし、日中は快晴でも水平線上はいつも雲があり、肝心の太陽が雲の上から顔を出すというありさまだ。これでは四角くなったとしても、それが終わった後の丸い姿でしかない。

このときは目的の太陽はお目にかかれなかったが、最終日の朝食後、完全に雲がなくなった水平線上に何かが見えるのだ。よく見ると、家などが横一直線に浮いているのだ。さらにその下には、それらが逆さになった像もある。蜃気楼だ！　これはここから一〇キロ近く沖にある野付《のっけ》半島の家だろう。

蜃気楼は水面（または地表面）とその上の空気の温度差が大きいときに生じやすい。この場合は根室海峡の海面上の空気よりも、その上の空気の方が冷たい（上冷下暖の状態）。そうなると上層の空気の密度が大きくなる。対面から来る光は屈折により浮いたように観測される。

蜃気楼といえば、春から初夏にかけての富山湾のものが全国的に有名だ。この場合は海面上の空気より上の空気の方が暖かい（上暖下冷の状態）ことにより生じる。そのため像も伸び上がるように観測される。

【流氷力でついにゲット】

野付半島の蜃気楼を観測してから、その後も場所を変えたりして何回かトライしたが、雲があり結局だめだった。その後再び別海の民宿に行った。同宿の人と夕方野付半島に行き、日没の太陽を撮影した。形は変わらなかったが太陽に何本も横縞が入り、まるで木星のようだった。しかしこのときもだめで、同宿の彼に「四角い太陽を撮りたいのですが難しいですね」と言うと、彼は「あれは流氷が来てからの方がいいよ」と言う。これで合点がいった。つまり流氷が海面を覆うことで陸地化し、冷えて高圧帯となり、あれほど苦しめられた水平線の雲が発生しにくくなるわけだ。

さっそく翌年の二月下旬、根室海峡を流氷が埋め尽くすのを確認し標津へ行った。天気は快晴だ。流氷に三脚を立ててその瞬間を待つ。足場がやや不安定なので、フィルムはＩＳＯ四〇〇を選択する。若干薄雲があるが太陽が出るのがわかる。そしてよく見ると薄雲が四角く色付いている。もしや、と思いドキドキする。そして薄雲のベールがはがれた瞬間、ついに待望の四角い太陽（カバー表紙の写真）が現れた！

まさに夢にまでみた光景だ。しかし次の瞬間さらに息を飲んだ。何と今度は上下に伸びてくびれ、流氷の蜃気楼がまるで伸びた太陽の目玉のようになり、実に奇怪な姿になった。まるで流氷から出てきたエイリアンだ。翌日も撮影したが、風が強く空気がかき乱されたためか、全く変形しなかった。

それにしても自然は偉大なマジシャンだとつくづく思う。太陽変貌のネタはどれほどあるのだろう。次項でも、そんな「太陽百面相マジック」のいくつかを紹介したい。

太陽百面相

【日本海の変形太陽】

以前、あるカメラ雑誌で初夏、岩手・秋田県境の八幡平《はちまんたい》で撮影された、四角ではないが変形した夕日の写真を見た。これには当時ちょっと驚いた。前項にもあるように、劇的な太陽の変形は厳冬期に起こるものと思っていたからだ。しかしその後知識をつけるにつれ、疑問が徐々に解けてきた。富山湾の蜃気楼は、春に北アルプスの雪解け水が流れ、海水温の低い状態が続く。そこに初夏、南から湿った暖かい空気が中央の山脈を越えて下降すると、非常に暑く乾いた空気となる（上昇して気温が下がるのとは逆の現象）。ウェザーニュースでも聞く「フェーン現象」というものだ。これにより湾の空気が「上暖下冷」の状態となり、蜃気楼が起こる。この傾向は地形的に日本海側ほぼ全てにあてはまる。ならばその時季、日本海に沈む夕日も変形しやすいはずだ。

その思いはずばり的中した。二〇〇五年五月一四日、京都・丹後半島でトライした。透明度はあまり良くなかったが、太陽が水平線に近づくと上下につぶれてきた。さらに近づくとマッシュルームのようになった。そして海面に沈むと予想もしない形に！　何と将棋の駒のようになり、そして左右に角が出たではないか。その太陽の前を船が通った。船のクルーはこのシーンに気が付いただろうか。同月の下旬、青森県・白神山麓の海岸でもやはり変形した。さらに山口県で撮影された写真も見た。やはりこの時季、日本海では変形太陽を観測しやすいと思う。

【グリーンフラッシュとともに】

丹後半島で変形太陽を撮影した翌年の一月末、志賀高原・渋峠へ行った。夜間星空の撮影を終え、夜明け前に朝日を撮るために芳ヶ平展望台まで移動する。気温マイナス一五度ほど、風が大変強い。いつものように地平線がオレンジ色となり、その上には金星が輝き大変美しい薄明の光景だ。六時四〇分過ぎ、地平線より赤い太陽の上縁が見えてきた。だんだん昇るが特に変わった様子はない。多少いびつな程度だ。

しかし次の瞬間、太陽本体からちょっと離れた上に「グリーンフラッシュ」が現れた。グリーンフラッシュは、日没や日の出時に大気を通る太陽光の屈折率の違いで生じる。波長の短い緑色の光が一瞬太陽の上部に輝く現象だ。なかなか見られないが、空気が澄んでいることが一つの条件となる（太陽が赤くならないこと）。グリーンフラッシュはあっという間に消えてしまったが、今度は何と花瓶のような形になった！　さらに上縁が平になり左右に短く角を出した。その上に小さいレンズ雲のような部分もあり、まるで電気釜そっくりだ。やがて逆三角形状になってきたところでフィルムがなくなった。

急いで装填し撮影を再開する。地平線より結構離れているがまだ変形している。しかし光が強く、もうこれ以上ファインダーを覗けない。興奮状態で時間を確認することもできなかったが、これほど長く変形し続けていたのは初めてだ。放射冷却により地表付近には冷えた空気の層が、その上にはより暖かい空気の層、つまり逆転層が生じ、しかもその規模が大きく標高の高い場所から観測したためだと思う。写真は四〇〇ミリ×二倍テレコンバータ使用だが、私は太陽の周囲の景色も描写したいので、露出はプラス一の補正をしている。

【月の変形】

太陽百面相のいくつかを紹介したが、まだまだ予想もしないような形があるはずだ。比較的ポピュラーなのは各地で見られる「だるま太陽」や「ワイングラス太陽」だろう。さて、太陽の形が変わるのだから当然月でも起こるはずだ。月の変形に挑戦したのは二〇〇二年一一月、グリーンランドにしし座流星群を撮影しに行ったときだ。夜明けの氷海に沈みゆく満月が、多少五角形になった。空気も澄み美しい黄色なので、月のグリーンフラッシュも期待したが、上縁の弧が緑っぽくなっただけだった。その後、厳冬期の道東で何回かチャレンジしたが成功しなかった。月の場合、日の出時刻の三〇分くらい前に沈むのが良い。夜明けの群青色の中、月が赤あるいは黄色に染まり、周囲の景色もほのかに浮かぶ情感ある写真となる。

蓑掛岩の月の出

71　驚きの月の出

驚きの月の出

【槍の穂先から月が！】

一九八八年一〇月下旬、晩秋の北アルプスを撮影するために、穂高岳と笠ヶ岳の間にある仙境、鏡平に行った。ここは、北アルプスでは剱岳《つるぎだけ》の仙人池と並ぶ素晴らしい景勝地だ。その名の通り、穂高や槍ヶ岳(三一八〇メートル)を投影する池がある。もう紅葉は終わってしまったが、槍・穂高連峰は新雪が輝きよりアルペンさが増している。ここでキャンプをし、銀嶺が夕日を受け色付くシーンを撮影する。快晴で期待通りに焼け始めた。穂高、槍と交互にレンズを向けるが、何回目かに槍にレンズを向けたとき、驚くべき光景を目にする。何とその穂先からまん丸のお月さまが出ているではないか！

この予期せぬ出現に肝をつぶしながら、夢中で撮影する。やがて山肌がピンク色になった頃、月は槍の右上に離れていった。それにしても何という千載一遇であろうか。今日という日の月齢さえ知らなかったのだ(当時は天体山岳写真はやっていなかった)。太陽なら一日、二日ずれてもほとんど出没時間・位置は変わらないが、月は大きく変わる。一日でもずれていたら、この光景を目にすることはできなかった。

今では太陽、月の出没位置に関するシミュレーションソフトがあるので、月の出る方角も簡単にわかる。しかしそれを使っても、現実的にピンポイントで槍の穂先から出るシーンを撮れるだろうか。天候の問題もある。ハイテク以上に偶然の持つ力のすごさを感じずにはいられない。

実はこの一〇月は摩訶不思議の月だった。三週続けて山へ行ったのだが、何と毎回過去の山行で出会った人(全て別人)と出くわすという奇跡を味わった。一回目は山頂で、二回目は山小屋で、そして三回目こそこの鏡平だった。その人は何と行きの電車の通路をはさんだ隣の席に座っていた。一両どころか一座席でもずれていたらどうだったろう。そしてその奇跡が、そのまま今回の驚くべき月の出につながったと思う。偶然とはいえ、実に不思議としかいいようがない。そしてこの偶然力は、後項の「大火球・隕石」

でもいかんなく発揮されることになる。

【蓑掛岩の三日月と金星】

月の出に驚かされたことがもう一回ある。二〇〇八年一月三日の深夜、この夜は大きな流星群の一つであるしぶんぎ座流星群を撮影するために、南伊豆の蓑掛岩《みのかけいわ》を望む海岸に行った。これから撮影本番というときに、まさに計ったかのように三日月が二つの岩の間から寸分の狂いなく出てきたのだ！　厳密にいえば二つの岩の間の小さな突起部の真上からだ。さらに今度は、左の岩のてっぺんから金星が出てきたではないか！　予期せぬ出現の連続に驚きながら、そして蓑掛岩の上に美しく輝く三日月と金星に魅了されながらの撮影となった。

もちろんこの夜は、三日月と金星が東の水平線から出てくることはわかっていたが、出てくる位置は全く気にとめていなかった。月の出を確認してから、あわてて三脚を所定の場所に移動し、構図を決めてからでは間に合わない。その点月没の方が予測しやすい。また太陽の場合は、経験的にいつ何時にどこから昇る、という場所がある。その最も有名な場所は「ダイヤモンド富士」で知られる田貫湖《たぬきこ》だろう。また月の場合は「パール富士」と呼ばれる。先述の槍ヶ岳は「パール槍」だ。シミュレーションソフトで気になる場所で狙ってみるのもいいだろう。イメージにより望遠や広角レンズでもいい。さて肝心のしぶんぎ座流星群だが、相次ぐ驚きの出現で運を使い果たしたのか、大きな流星もなく平凡な結果に終わった。

【月への階段】

写真では蓑掛岩の間の月から海面にオレンジ色の光の帯が伸びている。太陽柱とそっくりだが、氷晶のかわりに水面の波によって生じている。このような現象で、オーストラリアのブルームという場所では「月への階段」というものが見られる。これは干潮時の海面を月が昇るとき、水のない部分は光を反射させないのでそこが黒い横縞となり、あたかも月へ続く階段のように見えるというもの。現地では、これを見るツアーもある。日本でも条件に合う場所があるかも知れない。

竜巻雲

75　雲海

雲海、山影、竜巻雲

【雲海】

「雲海《うんかい》」はポピュラーな自然現象だ。登山される方なら見たこともあるだろう。別に登山者でなくとも、ロープウェイや山岳道路で標高の高い場所へ行けば見られるチャンスはある。雲海は、谷間や盆地で風がなく放射冷却により冷えた空気が飽和することで生じる。標高五〇〇〜二〇〇〇メートルくらいの層積雲《そうせきうん》が多く、季節は春、秋が多い。

各地で雲海の名所がある。宮崎県・高千穂の国見ヶ丘の朝日に染まる雲海は、まさに神話の世界そのものだ。近年では、兵庫県の竹田城が有名だ。「日本のマチュピチュ、天空の城」とも呼ばれる。旅館でも「雲上のホテル」と銘打ち、雲海を売りにしているところもある。

私も多く見たが特に印象に残っているのは、北海道・芦別岳の旧道で西方に広がる雲海。夕日に照らされた雲海に西方の雄峰が島のように浮かんでいた。翌朝も東方、富良野盆地に広がり頭を出した十勝連峰の光景が素晴らしかった。同じく北海道・石狩岳の山頂にビバークしたときは、足元に広がる雲海が昇る朝日に金色に輝き大変美しかった。このときばかりは天上界の人になった気分を味わえる。

最近では一二月に中国の黄山《こうざん》で撮影した。黄山は雲海で名高く、松・奇岩・温泉とともに古来より黄山の「四絶」といわれる。そんな黄山だが初日は雲一つない快晴。しかし夜間、西海という場所で星景写真を撮影しているときは、谷の上に見事に出ていた。翌日は悪天、翌々日は回復し雲海と再会できた。

【穂高の山影】

「山影《やまかげ》」というと、日本海に影を落とす鳥海山《ちょうかいさん》の「影鳥海」や富士山頂からの影が知られているだろう。もう二〇年ほど前、年末に北アルプス穂高連峰の涸沢岳西尾根を登り、蒲田富士《がまた》（二七四二メートル）の直下にテントを張り、夕日に染まる滝谷《たきだに》の岩壁や穂高岳の星景写真を撮影した。翌朝、蒲田川の谷をへだてどっしりとそびえる飛騨の名峰・笠ヶ岳のモルゲンロートを撮影したが、山肌が黄色に染まるころ、思いもよらず笠ヶ岳から抜戸岳《ぬけどだけ》の山腹に穂高連峰の影が出来たのだ！

笠ヶ岳の真下には、特徴ある西穂高岳のギザギザなライン、前穂高岳は奥穂高岳に隠れているので影はないが、順に奥穂、涸沢岳、ぎりぎり抜戸岳の下に北穂高岳の影がある。全体的に中央本線の塩尻あたりから見る穂高連峰の姿と同じだ。つまり、このときの太陽の位置も塩尻近辺の上空ということになる。

夏山でも、もちろんこのような山影は位置関係により見られるが、厳冬期の白い山肌はよりはっきりと影の存在を強調する。絶妙な位置関係もさることながら、あとは太陽の角度つまり季節だ。まさにこの時期にしか見られない「もう一つの穂高」だ。撮影は、影の部分の面積が多く占める場合は露出をマイナス補正したほうがよいだろう。

苗場山ではブロッケンを観測したとき雲海に影が出来た。その山を登っているときは全体像などわからないが、本当に真っ平な山頂だった。有名なアメリカのモニュメントバレーのビュート（岩塔）の影が、他のビュートに映っている写真を見たことがある。その場所では一年に数回のチャンスだろう。また月光で出来た山影や、その他の影に視点を当てた星景写真も面白いと思う。

【南岳の竜巻雲】

穂高の山影を撮影した日に下山し、その日は穂高平の山小屋に宿泊した。穂高平は谷間にあるので穂高連峰の姿は前山に隠れて見えないが、北に聳える迫力ある南岳は素晴らしい。翌朝外に出てみると、その南岳に何と真っ直ぐ垂直に立つ一本の雲があるではないか！　まるで竜巻のようだ（本当の竜巻は見たことはないが）。竜巻雲は徐々に右方に傾いていった。

撮影後、山小屋の主人にこの雲の話をした。すると主人曰く「私も長いことここにいるが、初めて見た。おそらく東、西から来る気流が稜線の上でぶつかりこのような雲を作ったのではないか」と。現象が生じるには必然の要因があるわけだが、それにしても自然は本当に人間の想像を超えているものだ。

79　光芒

光芒、裏後光、月光芒

【光芒】

「光芒《こうぼう》」（又は薄明光線）は、太陽の光線が雲の隙間や端から伸びる現象だ。雲の上方に何本も放射状に光線が伸びていたり、雲の下から地上へ多くの光線が降っているものもある。特に後者は、まるで天使が天から地上に行き来する通路のようにイメージされ、「天使の梯子」と呼ばれている。また雲だけでなく、霧のある森で樹木に太陽が隠れたときやヒマラヤなどで朝夕峰に隠されたときも、稜線の上に伸びる光景が見られる。

光芒は大気中の水滴に太陽光が乱反射されることで生じる。学生のとき、理科の実験でコロイド溶液をビーカーに入れて光を当てると光線が出来る「チンダル現象」と同じ原理だ。これも溶液中の微粒子が光を散乱させることで生じる。初めて撮影したのは二〇歳の頃、新潟県・越後駒ヶ岳から見た荒沢岳に降るものだった。その次は愛媛県・宇和海で観測した。海に雲間から幾筋もの光線が降る様は、実に感動的だった。気象現象としては、山のモルゲンロートや朝・夕焼けの次に撮影したと思う。

忘れられない素晴らしい光芒がある。「世界の屋根」といわれるパミール高原のカラクリ湖で観測したものだ。八月の朝、太陽がコングール連峰から顔を現す前、上方に扇型に広がり実に見事だった。カラコルムに行った人からは、光芒の中に色付いた部分があったと聞いたことがある。光芒は水滴で生じるが、もしかしたら氷晶の影響もあるのかもしれない。高所での大気光学現象は、平地では考えられないようなものがあるかもしれない。今後のテーマとしても面白いと思う。

ある写真家のスライド上映会で、大変面白い光芒を見た。アメリカのグランドサークルで撮影されたもので、左から斜めに地上に伸びた光芒が右上方へ再び伸びているもの。つまりV字型の光芒だ。地上の水面に反射しているわけだが、こんな光芒は見たことがなかった。本当にまだまだ未知の光景があるものだ。

【裏後光】

ところで、太陽の上方に伸びる放射状の光芒の線をそのまま延長していくとどうなるだろう。際限なく広がっていきそうだが、実は太陽と正反対の位置に集まる（収束する）。実際そのような光景も観測でき、これを「裏後光《うらごこう》」（又は反薄明光線）という。つまり裏後光を見ているときは、太陽を背にしているわけだ。光芒はよく見られるが、こちらはそうそう現れない。

日本では北海道の礼文島などで試みたが観測できなかった。初めて観測したのは、今や世界の絶景地として有名になった南米・ボリビアのウユニ塩湖で乾季の九月だった。その次は八月にアメリカ・グランドサークルの景勝地、キャニオンランズで観測した。訪れた時季はウユニ塩湖もキャニオンランズも本来非常に乾燥しているのだが、ウユニ塩湖は季節外れの降雪もあった。非常に空気も澄んでいるので、ふだん乾燥している地域が少しでも湿気が高くなると、敏感に変化として生じるのだろうか。

【デリケートアーチの月光芒】

裏後光同様、月光による光芒もあまり知られていないだろう。「月光芒《げっこうぼう》」の場合、実際に出現していても肉眼では気が付かなかった。キャニオンランズで裏後光を観測した少し前、同じくグランドサークルのアーチーズ国立公園で撮影出来た（写真は一三五ページ）。アーチーズは天然の岩のアーチが二〇〇〇もあるというグランドサークル屈指の絶景地だ。中でも最高傑作といわれる「デリケートアーチ」は、公園を紹介するパンフレットなどに必ず登場する。

このデリケートアーチでペルセウス座流星群を撮影したとき、幸運にも満月近くの月で生じた光芒を捉えられた。夜間デリケートアーチの登山口からぶっつけ本番で登ったので、途中迷いながら二時間以上かかってしまったが、対面した途端疲れが吹き飛ぶほど感激した。決して強くはっきりしたラインではないが、まるでステージに立つスターへのスポットライトそのものではないか！　現像してから月光芒があることに気が付いたわけだが、やはりスターとは天からも祝福される存在なのだ、と妙に感心した次第だ。

83　地球影

地球影、薄明

【地球影】

「地球影《ちきゅうえい》」とは、文字通り地球の影が観測されることだが、私が初めてこの現象を意識したのは二〇年以上前の一月中旬、北八ヶ岳の北横岳であった。山頂で朝日が昇る前から撮影のため待機していた。あと一〇分くらいで日の出というときに、西の蓼科山《たてしなやま》を見ると、蓼科山の左に美しいピンク色の帯があるではないか！　ピンクの帯と地平線の間はブルーだ。さらに時間が経つとピンクの帯はオレンジ色になった。ブルーの部分はだんだん少なくなり、もう少しで日の出というときには完全になくなった。そしてピンクからオレンジ色となった美しい帯もなくなった。このときのブルーの部分を地球影といい、ピンクの帯は「ビーナスの帯」と呼ばれる。

地平線より下にある太陽の光が、上空の地球大気を通過する。このとき通過する大気の層は長いので、波長の長い赤い光が通過し、反対側の大気のスクリーンにピンクの帯を出現させる。つまり、帯の下の青い部分が地球の影となっているわけだ。また日の出前だけでなく、日没後の東の空でも見られる。このときは時間が経つにつれ、だんだん青の部分が伸びて夜の帳が降りてきた、というのが実感できる。

地球影は一年中観測できる。ただ、早朝なら西、夕方なら東が地平線（水平線）まで開けていることが条件となる。タイミングが合えば飛行機からでも観測しやすい。印象的だったのは、厳冬期の長野・志賀高原横手山でのもの。日没後、東の空に昇ったばかりの黄色い満月との競演だった。理科年表や天文誌などで太陽、月の出没時刻を調べておけば、月との競演は撮影できる。海では北極圏グリーンランド。いつも広角レンズで撮影するが、このときは遠方の陸地を前景に、望遠レンズでビーナスの帯と月を入れた。

ビーナスの帯は大変美しく、何度見ても魅了される。厳寒の雪山でも、撮影中は寒さを忘れてしまう。朝夕の楽しみの一つだ。

【薄明】

「薄明《はくめい》」とは日の出前、日の入り後のわずかな時間のことで、英語でトワイライトと呼ばれる。地平線下にある太陽の光を感じられる時間だ。私は流星の星景写真（流れ星のある風景写真）に最も力を入れているが、しばしば撮影時間限界の日の出一時間前まで撮影することがある。東の地平線もしくは水平線まで開けた場所では、終了時間が近づくとだんだん白っぽくなってくるのがわかる。

具体的には日の出一時間二〇分くらい前だが、写真では地平線（水平線）がオレンジに色付いて非常に美しい。上空の星もまだまだ輝いている。このときの状態を「天文薄明」という。太陽は地平線下一八度。さらに時間が経ち、三等星以上の星しか見えない状態を「航海薄明」という。これは空と海の境界を認識できる時間とされる。太陽は地平線下一二度。さらに日の出三〇分前ともなると、もうあたりは明るくなり、人工灯がなくても作業ができるほどになる。「市民薄明」だ。空は群青色となり、金星や木星などの明るい星しか見えない。太陽は地平線下六度。このころを「ブルーアワー」と呼ぶ。ちなみにブルーアワーから日の出前までは「マジックアワー」と呼ばれる。日没後は朝と順序が逆になる。

薄明はまさに色彩の妙味を味わえ、星景写真にとっては黄金の時間といってよい。星景写真では、バックの色が青やグレイと寒色になりがちで色彩に乏しい。薄明は暖色を取り入れられる貴重な時間だ。金星や木星などの惑星や、ときに三日月も加わり華を添える。またこれらが接近することもあるので、天文誌やネットなどで情報を得るとよいだろう。この薄明のときに流星が流れる写真を撮ることは夢だったが、わずか二〇分ほどの撮影時間に目的の方向に流星が飛来するのは至難の業だ。それゆえ撮影できたときの喜びは大きい。薄明は刻々と明るさが変わってくるので、撮影にあたっては段階露光が必要だ。

流星の撮影を終えて薄明を見ると、言葉に言い表せない充実感を覚える。地球影も薄明も夜明けや夕暮れの現象だが、朝素晴らしい地球影、薄明に出会えたらきっと今日もがんばろう、また夕方であれば一日のねぎらいをもらった気持ちになるだろう。

87　ピナツボ噴火の変

ピナツボ噴火の変

【雪山が染まらない！】

一九九一年の一〇月、太陽が沈んだ薄明の時間、西空が異様な色になっているのに気が付いた。連日毒々しいほどの赤紫色になっていたのだ。翌月、苗場山の正面に位置する急峻な鳥甲山《とりかぶとやま》に登った。やはり日没後の西空は同様な状況であった。その年の年末は奥秩父の金峰山《きんぷさん》へ登った。山頂近くの山小屋に宿泊し、翌朝ご来光やモルゲンロートを撮影するために、未明に頂上へ向け出発する。太陽の出る東の空が相変わらず赤紫色になっている。やがて太陽が国師岳《こくしだけ》から顔を出した。すぐさま反対方向の八ヶ岳へカメラを向けるが、ある異変に気が付いた。

何と真っ白な八ヶ岳連峰がピンク色に染まらないのだ！　思わず同行の友人に「何でモルゲンロートにならないのだろう」と言った。九二年二月、今度は奥日光の白根山へ行った。白根山のモルゲンロートを期待したが、やはり染まらなかった。なぜ雪山が染まらないのか、そのときはよくわからなかった。もしかすると、もうあの美しいモルゲンロートは見られないのか、と残念な気持ちにもなった。

【エアロゾルが原因だった】

九一年の晩秋くらいから、日没後の異様な空の色について天気予報でも取り上げ、それがピナツボ火山（標高一七四五メートル）の影響というのは聞いていたが、メカニズムはあまりよく理解していなかった。ピナツボ火山はフィリピン・ルソン島にあり、九一年六月に大噴火した。そのとき微小な火山灰が大量に噴出され、それが徐々に成層圏（高度一〇～五〇キロメートル）にまで地球規模で拡散した。この微小な火山灰を「エアロゾル（粉塵）」という。このときの噴出量は、一八八三年のインドネシアのクラカタウ火山噴火以来の大規模なものであった。

つまり、この火山灰によるエアロゾルが太陽の波長の長い赤い光を散乱させたことにより、異様な赤紫色となっていたのだ。そして雪山がピンク色に染まらなかったのも、赤い光が途中で散乱することにより、雪山に届かなかったためだ。なお、この大噴火によりピナツボ山の標高は二五九メートル低くなった。

ピナツボ山が噴火した年の九月はアラスカにオーロラを撮影に行ったが、夕方の薄明は特に異常は感じられなかった。異変を初めて意識したのは、先述した金峰山のときだった。九二年の年末は北アルプス・蝶ヶ岳に登った。槍・穂高連峰は、まだ完全にモルゲンロートにはならなかった。九三年の八月に志賀高原・大沼池でキャンプをしたが、このときの朝の薄明が色彩的に最も強烈な色合いだった。噴火から二年以上たち、まさに熟成したワインレッドそのものだ。

エアロゾルによる薄明色の変化や雪山が染まらないのも、れっきとした自然現象だ。好む好まざるにかかわらず、そのときの出会いは一期一会。しっかりと記録に残しておくことが重要だと思う。今にして思えば月の出でも観測、撮影してみたかった。

九四年の二月、蔵王の熊野岳に登った。山中に宿泊し、翌朝樹氷のモルゲンロートの撮影を試みたが、ようやく復活してくれた。元に戻りほっとした気持ちだった。しかしその年の八月中旬、ペルセウス座流星群を撮影しに北アルプス・五色ヶ原へ行ったが、朝の薄明時にはまだ多少紫がかっていた。一一月初旬には霧ヶ峰へ行った。このときは夕刻の薄明の異変は収束していた。正確には確認していないが、九一年の秋から始まったということなら、約三年もの間影響を受けていたことになる。

影響は空の色だけではない。地表に届く太陽熱も減じられ、世界的に〇・五度近く気温が下がった。事実、日本では九三年は記録的な冷夏となった。八月はペルセウス座流星群フィーバーで、それまでの悪天続きの天候が前日に奇跡的に晴れたのを今でもよく覚えている。さらにオゾン層への影響もあり、南極上空のオゾンホールが過去最大となった。九三年六月は日本で皆既月食（後項で解説）が見られた。通常であれば皆既中月は美しい赤銅色となるが、暗く色付きが悪かった。これは雪山がモルゲンロートに染まらなかったのと同様の理屈だ。

91　遠雷

遠雷

【遠雷】

本書は神秘さを想起させる自然現象を取り上げているが、一般的な雷や竜巻など、人に恐怖や危害を与える現象については基本的に対象としていない。もちろん稲妻が何本もあるような雷の写真など、ビジュアル的には大迫力で、人によっては美しさも感じるかもしれないが。ここでは同じ雷といっても、遠くでピカピカ光っている、いわゆる「遠雷《えんらい》」と呼ばれるものを取り上げる。遠雷なら自分の上空一帯が晴れていれば危険がおよぶ可能性は少ないし、夏山の夜の風物詩ともいえる。遠雷とは、遠くの雷の稲妻により雲自体が光って見える現象で、「幕電《まくでん》」ともいう。遠くにあるので雷鳴は聞こえない。

遠雷を意識するきっかけはだいぶ前、当時の写友がその年の夏に加賀の名峰・白山に行ったときの話だった。彼曰く「白山の頂上の小屋に泊まったけど、夜北アルプスの方で雷がピカピカ光りきれいだったよ。君がいたらきっと喜んで撮影したことだろう」と。その後、長野県・霧ヶ峰で五月に星景写真を撮影したとき、偶然に宵の早い時間に浅間山方面の遠雷を捉えた。遠雷の場合、稲妻が写ることはほとんどなかった。多くは光っている部分の雲がオレンジ、紫に色付く。撮影にあたっては、広角レンズだと遠雷の部分は思ったよりも小さく、迫力がないこともあるので、望遠レンズで遠雷をアップで狙うのもいいと思う。

【遠雷と流星の競演に挑戦】

霧ヶ峰で遠雷を捉えた年の七月末、苗場山頂に数日滞在した。このときも流星の星景写真が目的なので、宵の早い時間から撮影を開始した。すると谷川岳方面でピカピカ光っているではないか。このときはあまり天気も良くなかったこともあり、流星よりもむしろ遠雷に魅了された。苗場山頂には池塘《ちとう》が無数にあり、遠雷が池に映るシーンを撮影した。遠雷は危険がほとんどないと思っていたが、このとき一度恐怖を感じたことがある。突如山頂がガスで覆われ上空に閃光を感じた。撮影どころではなく急いで山小屋へ戻った。

また遠雷ではないが、一一月にタイのビーチに行ったとき強烈なスコールに見舞われ、大急ぎで雨宿りに向かう途中、雷鳴と閃光の中怖い思いをした。遠雷を観測、撮影する時は周囲上空にも気を配り、すぐに避難できる場所で行いたい。

苗場山で遠雷が見られることがわかったので、流星と同時に撮りたい気持ちが強くなった。遠雷と流星の競演は天地創造のイメージにぴったりだと思う。翌年の夏、ペルセウス座流星群でそのシーンを実現しようと試みた。天気は申し分なかったが今度は遠雷が出なかった。それでもあきらめず、さらにその翌年も裏尾瀬でチャレンジした。日光から上越国境は雷銀座だ。平ケ岳《ひらがたけ》の方に遠雷が出たが、遠雷は連続して出ているわけではない。ある程度間隔をおいて出るので、一分間の露光を繰り返す方法だと流星と同時に捉えるのは至難の業だ。逆に長時間露光だと感度を下げたり、レンズのF値をより絞るので流星の写りが悪くなる。結局、遠雷と流星の競演は撮れず、以後このテーマからは遠ざかってしまう。

【予期せぬサプライズ】

二〇〇七年の一二月、静岡県・南伊豆でふたご座流星群の撮影をしているとき、東の水平線上にピカピカと遠雷を観測した。これにはちょっと意表を突かれた感じだ。冬場は日本海側で雷は多く発生するからだ。実際、以前長野県・横手山でやはりふたご座流星群を撮影中に、地平線付近に強い閃光を感じたことがある。南伊豆の東といえば伊豆大島があり、おそらく三原山近辺に雷雲が発生していたものと思う。

この年のふたご座流星群は大変活発だった。さらに遠雷も断続的とはいえ深夜まで発生していたこともあり、遠雷が煌めいた後、まるで遠雷が呼び寄せたかのように、ふたご座流星群の見事な流星が遠雷のすぐそばに出現した！　あれほど撮りたかったシーンが全く思いもよらぬシチュエーションで実現してしまう。前項のカナダでの月暈とペルセウス座流星群でも述べたが、目的をもって臨むとえてしてだめで、意識していないところで突如そのシーンが実現してしまう。本当に不思議としか言いようがないが、自然からの素晴らしいサプライズだと思う。

湖映
94

95　火映

火映、湖映

【ハレマウマウの火映】

「火映《かえい》」、ちょっと聞きなれない言葉だと思う。これは火山の火口内の赤いマグマが光源となり、夜間、火口の上空にある噴煙や雲を照らす現象だが、肉眼ではわかりづらい。しかし露光をかけて撮影すると、はっきりと噴煙が赤く色付く。今でも爆発を繰り返す桜島では頻繁に見られ、以前は阿蘇山や浅間山でも観測された。最近では、二〇一一年一月から二月にかけて噴火した鹿児島県・新燃岳《しんもえだけ》のものが記憶に新しい。

実は私は日本でこの現象を撮影したことがなかった。初めて撮影したのは二〇〇九年一二月、ハワイでふたご座流星群を撮影したときで、当初は海岸近くのキラウエア火山の溶岩炎と流星を撮るつもりだった。しかし溶岩炎の見られる場所は長時間の撮影は無理とわかり、さてどうしようかと思っていたとき、ひょんなことからハレマウマウの火口を知る。

さっそく行ってみると山ではないが、大地にできた火口の底に赤々とマグマが燃えているのが見えた。天候が悪く、三〇分ほどしかふたご座流星群を撮影できなかったが、現像して驚いた。火口から噴煙が上がっているのはわかっていたが、立ち昇る噴煙全体が赤く色付いているではないか。もちろん、肉眼では赤くなど見えない。そしてこのことが、星や流星の写りを多少なりともかき消していたのは全くの想定外であった。やはり経験値は必要だと思った次第だ。

【パタゴニアの湖映】

前項の月焼け同様、「湖映《こえい》」という言葉はない。ここでもあくまで私が便宜的に用いた言葉だ。湖に映るとあるので、湖に周りの景色が映ることをイメージされるだろう。「何だ、湖に映るのがどうしたというのか」と思われるだろうが、ここでいう湖映はそれとは全く異なるものだ。

二〇一二年三月、南米アルゼンチン南端に位置するパタゴニアのカラファテに行った。主目的は有名なペリトモレノ氷河の星景写真だが、その前に世界最高の岩の芸術といってもいい、名峰・フィッツロイを撮影するためにチャルテンに向かう。この日は朝から曇りだった。アルヘンティーノ湖を北上し振り返ると、雲の下部が青くなっているではないか！ そして青い部分が終わるのは、ちょうど湖と陸との境だ。間違いない、これは明るいトルコ石のような湖の色が雲に反射して生じさせているのだろう。この青さは氷河のミネラル分の溶解による。

こんなこともあるのか、と思った私は、帰国後少々稚拙だが自宅の風呂にバスクリンを入れ、さっそくその上に白いふたをかざしてみた。すると確かにふたは淡いがグリーンになった。つまり明るいターコイズブルーの湖面が輝度を持ち、その上空にある雲を照射することにより青く色付かせていたのではないだろうか。もちろん陽は差していないので、湖色の鮮烈さは減じられているが。

日本でも磐梯《ばんだい》高原・五色沼《ごしきぬま》や北海道・オンネトーなどターコイズブルーの湖沼はある。しかし湖映現象を起こさせるには面積が小さすぎる。また沖縄の海などはエメラルドグリーンに輝いているが、エメラルドグリーンの部分は岸部だけでやはり面積は小さい。アルヘンティーノ湖は日本最大の琵琶湖より大きい面積なのだから、湖全体の持つ照射力は比較にならないほど強いわけだ。

前項の地球影と似た言葉に、「地球照《ちきゅうしょう》」というのがある。これは、三日月などで月の欠けた部分を太陽光を受けた地球表面の光が照らすことで、ほんのりと欠けた部分のディテールがわかるというもの。宇宙から見た地球は漆黒の宇宙空間の中に青く輝き、その光を照射しているからだ。

グーグルで見ても、アルヘンティーノ湖は実に鮮やかなターコイズブルーだ。すぐ北にあるビエドマ湖やニュージーランドのプカキ湖も、面積が大きく明るいターコイズブルーなので、同様の現象が起こるだろう。このような現象を指す言葉はないが、考えてみればそれは当然のことだ。日本にはそのような現象を起こさせる湖そのものが存在しないからだ。

99　夜空に浮かぶモンスター

夜空に浮かぶモンスター

【モンスター】

ここでいうモンスターとは樹氷の巨大なもので、蔵王山のものがつとに有名だ。あらゆる媒体で目にする機会も多く、いまさら説明するまでもないだろうが、実際に見た人となるとどうだろう。スキーヤーや一部の冬山登山者以外は、ほとんど見る機会はないだろう。それでも蔵王では、シーズン中は夜間ライトアップをし、ロープウェイで蔵王温泉の客を呼んだりしている。

樹氷は、過冷却（氷点下）の季節風がアオモリトドマツに付着することで出来る。氷雪は風上側に伸び、エビの尻尾のような形状になる。一一月下旬頃から翌年の二月まで、絶え間なくこの季節風にさらされ、あのような形となる。蔵王以外にも八甲田山や八幡平、森吉山、吾妻連峰で見られる。小規模なものなら太陽柱の項で述べたピヤシリ山、本州の志賀高原の横手山や北八ヶ岳でも見られる。

初めて撮影したのは二〇年くらい前の三月下旬、吾妻連峰の中大巓《なかだいてん》だった。吾妻山の樹氷は通称「歯ブラシ樹氷」と言われる。小ぶりで、大きさも形もそろっているからだろう。オットセイが群れているようにも見える。翌年の二月下旬、待望の蔵王で撮影することが出来た。冬型気圧配置がゆるむのを見計らい、ロープウェイで地蔵岳へ登る。このときは熊野岳も登り、地蔵山頂の小屋で一夜を過ごした。翌朝、念願だった樹氷のモルゲンロートを撮影する（前項「ピナツボ噴火の変」参照）。このとき、地元の写真家と出会ったが、彼が「私はここで太陽柱を撮影したことがある。本当に神の啓示のようだった」と語った。なお本当に奇遇だが、この「夜空に浮かぶモンスター」を執筆中に、彼が都内で樹氷の写真展を開催していることを知る。樹氷が取り持つ縁で一五年ぶりに再会できた。

蔵王ではとにかく天気が悪すぎる（だからこそ見事な樹氷になるのだが）。私の経験ではまともに晴れたのは一月では過去一回だけ。二月は多少良くなるものの月に一、二回。三月になると晴天日は増えるが、気温の上昇や黄砂により空が霞む。抜けるような青空に真っ白な樹氷の写真は二月中が良い。形の面白いものはアップで、また密集している様子を狙うのもいいだろう。

もう蔵王には一〇年以上行っていないが、最近はモンスターの出来る場所の標高が上がってきているという。また大陸からの粉塵も混入しているという。信じたくないが現実だ。この厳冬の創造物は、楽しいときはなんだか今にもダンスをしそうだし、その逆だと沈んだようにも見える。樹氷は見る人の心を投影する神秘のオブジェだ。


【異次元の星空】


私が樹氷原にこだわったのは、ここで星景写真を撮影したかったからだ。それまで樹氷をモチーフにした星景写真は見たことがなかった。しかし先述したように悪すぎる天候。しかも星空となるとさらに厳しい。地元の気象台に何回も問い合わせ、チャンスをうかがう。吾妻の中大巓ではテント泊をして撮影した。地蔵岳に泊まったときは月明かりの中、樹氷と仙台方面の夜景の競演を撮影した。その後坊平からリフトで登れることを知り、以後坊平に通うことになる。

一度迷ってしまったことがある。上部の御田《おた》の神《かみ》避難小屋に行く途中、ガスが出てきたので戻ろうとしたが、方向を見失い、やむなく林に入り木の窪みでビバークした。翌日視界が効き無事下山できた。ギリギリまで天候を見極めるので、出発が遅くなり夜着くこともある。そんなときはゲレンデを徒歩で登る。流星も撮りたいのでカメラ四台、三脚も四本担ぎ上げる。斜面が急なので結構きついが、満天の星空の下、樹氷たちと対面できる喜びを想うと、どんな困難も苦にならない。

風のない星光の樹氷原はまさに異次元空間だ。どこか他の星に来たような感じでもある。ワクワクしながら撮影する。そして不思議なことに、朝まで一睡もせずに撮影しているのに疲労感がほとんどない。むしろ気持ちいいくらいだ。樹氷原は何かパワースポットのような力があるのだろうか。結果的に流星も撮影出来たが、樹氷原の星景写真最大の成果は、後項で述べる八甲田山のＨＢ（ヘール・ボップ）彗星だ。

103　朝日に染まる氷の彫刻

朝日に染まる氷の彫刻

【御神渡り】

「御神渡《おみわた》り」と聞いたら、真っ先に長野県・諏訪湖《すわこ》が思い浮かぶと思う。御神渡りは湖面が全面結氷し、温度が低くなると氷が収縮し亀裂が入る。その亀裂の隙間に水が入り凍る。日中温度が上がると今度は膨張し、亀裂の部分が盛り上がる。これが発生のメカニズムだ。昔から神が天から降りて歩いた跡と言われ、神聖なものとされている。諏訪湖の他には、北海道・屈斜路湖《くっしゃろこ》が知られており、かつては二メートル近く盛り上がり、まさに氷の山脈のようだったろう。

二〇〇六年の年末、標茶《しべちゃ》町のホームページを見たら釧路湿原・塘路湖《とうろこ》の御神渡りの写真があった。御神渡りも以前から憧れの光景であり、私の性格上いてもたってもいられなくなり、さっそく現地のロッジに出来具合を聞いたら良いとのこと。雪が降ってしまったら、せっかく出来ていても真白くなってしまう。このチャンスを逃すまいと思い、翌年の年初に行った。

現地へ行き湖面へ降りると、十分な氷の厚さだ。お目当ての御神渡りは五〇センチくらいの高さだ。夜間は流星群も撮影するのでポイントの目星をつける。流星の撮影が終わり、今度は朝日の光が氷に透けるシーンだ。薄明が終わり、地平線から陽が昇る。まるでガラス細工のような氷がみるみるピンク色に染まっていく！　これこそ撮りたかったシーンだ。まさにここだからこそ撮れる超絶景だ。

翌日は氷の高さが増し、太陽との位置関係が最も良かった。翌々日はさらに高くなり、少し左右に広がっていた。だが多少薄雲が張り、あまり染まらなかった。このように御神渡りは日々成長している。

近年は暖冬のせいで、諏訪湖では数年に一度くらいだという。以前、奥日光の刈込湖で見たという話も聞いたことがある。どこかの湖で人知れず存在を主張しているかも知れない。

この塘路湖の御神渡りは、安全性と自然保護の点から公に公表しなかった。撮影する場合は、次の二つのことをくれぐれも守ってほしい。一つ目は、氷が十分な厚さになるまで絶対に入らないこと。真冬のこの時期、万が一にも氷が割れて落ちようものなら生命にかかわる。二つ目は、撮影した後氷の破壊行為をしないこと。もし壊せば、れっきとした自然破壊になる。

【氷面の宝石】

日中氷面をよく観察すると、ある部分で赤や青色に光っている点があるのを発見した。前項の「雪面の宝石」同様、太陽光を屈折させているわけだ。氷だけでなく、ハワイ・キラウエアの溶岩の表面でも起きていた。

【凍てる湖面に神降臨！】

御神渡りの星景写真は樹氷同様見たことがなかった。まして流星がその上を飛ぶシーンなど皆無だろう。先述したように、一月三日に極大を迎える「しぶんぎ座流星群」で挑戦した。この流星群は「三大流星群」といわれるが、暗い流星が多いので写りにくい。しかも当夜は満月で、さらに流星撮影には不利。しかしそんなことを言っていたら、いつまでたっても撮影できない。

昼間は氷上釣りをしていた人も何人かいたが、深夜のこの時間は誰一人いない。多少恐る恐る湖面を歩いて目的の場所で撮影開始。満月を反射した氷面は夜とはいえ明るいくらいだ。

ときおり足元からギシギシ、ゴーンと大きな音がする。氷がきしんでいるのだろう。まるで湖が吠えているかのようだ。正直ちょっと気味が悪い。流星も出ているが、あまり明るい流星ではない。それでも厳寒の中、ひたすら撮影を続ける。

そして四時を過ぎた頃、北西の低空に閃光を感じた。流星を直視してはいなかったが現像して驚いた。先端が爆発し、これまでのしぶんぎ座流星群のイメージを覆す大火球（後項で解説）だった。

御神渡りは天から神が降りた跡といわれるが、まさにそれを具現化するようなシーンではないか！　このしぶんぎ座流星群で国内観測史上最大級の大火球こそ、神の化身といわずして何といえようか。

百武彗星

107　HB彗星

大彗星

【彗星のごとく―百武彗星】

天文ファンが一生に一度でも見たい「四大天文現象」というのがある。皆既日食、オーロラ、流星雨、そして大彗星だ。大彗星はこの中で最も神秘性を感じるものだと思う。彗星は太陽系のカイパーベルトやさらに遠くのオールトの雲からやってくる。構造は一般に「汚れた雪だるま」といわれ、太陽に近づくとその熱であぶられ、彗星本体から大量の塵やガスが放出され長く尾の伸びた姿になる。日本では一九七六年のウエスト彗星以来、久しく肉眼で見えるような大彗星は現れず、天文ファンは待ち焦がれていた。

そんなとき、一九九五年の夏、衝撃的なニュースが飛び込んできた。「HB（ヘール・ボップ）彗星」が発見され、九七年の春に肉眼で楽に見える明るさになるというもの。さあ、天文ファンは一気に色めきたった。昔の版画に描かれた大彗星が、現実のものとなる可能性が高まったからだ。

HB彗星接近を一年後に控えた九六年の早春、突如新彗星の情報が入ってきた。鹿児島県の百武裕司氏が発見した「百武彗星」が、この年の三月下旬、地球に大接近するというもの。よく突然のことを「彗星のごとく」というが、まさにその名の通りの彗星だ。しかし、実際に「そのとき」になってみないとわからないので冷静でいた。ところが百武彗星の日々の変化は想像以上だった。最接近の数日前、友人が観測したが、興奮ぎみに開口一番「昔の人が騒ぐ理由がよくわかるよ」と言った。このときすでに肉眼で見える大彗星となっていたのだ。

私はいてもたってもいられず最接近の三月二五日、奥秩父の金山平《かなやまだいら》へ向かった。金山平への途中で下車し北方を見ると、そこには信じられない光景が。何と北斗七星よりも長い百武彗星が本当にあるではないか！　二四ミリ広角レンズを用いたが、初めは彗星が地面から垂直に近い状態で伸びており、樹木とバランスをとり縦位置で撮影した。あまりにも長大な百武彗星（のような被写体）は、広角レンズでも全容を入れるとバランスをとるのが難しい場合もある。そんなときは思い切って一部（尻）をカットするとバランスがとれることもある。百武彗星は多くの天文ファンに過去最高の彗星という印象を残し去っていった。

【超巨大彗星―ＨＢ彗星】

一方、ＨＢ彗星は本体（核）があのハレー彗星の三倍という巨大な彗星ということが判明。最盛期には最も明るい恒星・シリウスよりも明るいマイナス一等で輝くとの予測だった。期待と不安が交錯する中、九七年二月上旬、蔵王の樹氷の中でついに初対面となった。まだ明るさは二等ほどで尾も伸びていないが、神秘性は十分感じた。三月上旬には川上村へ。もう大彗星と言ってよい。はっきりとした塵の尾（ダストテイル）が右上に、そして淡く青いガスの尾（イオンテイル）が左上に伸び、Ｖの字型の堂々たる姿だ。

そして三月中旬には青森県・八甲田山へ、樹氷との競演を撮影すべく遠征する。ガスっており、テントの中で一睡もせずにじっと待つ。すると薄明が近くなった頃、すっかり晴れてきた。ついに夢にまで見たシーンが現実に！　はやる気持ちをおさえカメラをセットする。蔵王のときは小さかったが、今目の前にあるのは、樹氷原に燦然と輝くまぎれもない大彗星としての姿だ。樹氷原という地球の神秘と大彗星という宇宙の神秘。二つの神秘が合体したとき、まさに異次元の世界にタイムスリップしたとしか思えない。しかし、まもなくガスが覆い、現実の世界に戻った。わずか二〇分の異次元トリップだった。

四月一日の近日点（太陽に最も近づく日）通過後は、好天の北海道・名寄郊外の母子里《もしり》へ。日本でも最高の暗さを誇る夜空の下、ＨＢ彗星は今までで最高の輝きと姿で迎えてくれた。撮影後、ピヤシリ山頂へ登った。夜明け前、北東を見るとあったのだ！　地平線からまるでサーチライトのように垂直に伸びている尾が。そして真っ赤な彗星核が再び現れ、北に流星も飛んだ！　大変貴重なシーンを撮影出来たのは、深夜なのに同行してくれたＡ氏のおかげだ。心から感謝する。

その後もあらゆるシチュエーションで撮影した。二月上旬から三ヶ月に渡り、可能な限り追い続けた。今までこれほど撮影に熱中したことはなかった。そしてこの経験が今後の写真人生の糧となったと思う。

111　しし座流星雨

流星雨

【流星・流星群】

本書は他項にもたびたび流星が登場する。流星を見た人は多いと思うが、その正体は宇宙空間を漂う塵（ダスト）が地球大気に突入するとき、プラズマ化し輝く。たった数ミリしかなくても弾丸より速い速度の成せる技だ。彗星は、本体から軌道上に塵をまき散らしながら運行している。その彗星の軌道を地球が通るとき、流星群として観測される。毎年ほぼ決まった日に見られ、流星が放射される星座の名前をとり○○座流星群と呼ばれる。流星が放射される部分を「放射点《ほうしゃてん》」と呼び流星はここを中心に四方八方に飛ぶ。流星が最も多く出現する日を「極大日《きょくだいび》」という。一方、群に属さない流星を「散在流星《さんざいりゅうせい》」といい、明け方に多い。私たちが流星を見るということは、宇宙空間を途方もない年月をかけて旅をしてきた塵の最後の姿を見届けていることになるわけだ。考えてみれば実に感動的ではないか。

私は流星の星景写真に最も力を入れているが、そのきっかけは一九九三年のペルセウス座流星群だった。一三〇年ぶりに流星雨が見られると天文誌、マスコミが騒いだ。そのとき山岳星景写真をやっていたので撮影したいと思ったのは当然だった。北アルプスで八月一一、一二日にトライした。結果的に流星雨にならなかったが、これを機に流星の魅力にはまり、いろいろな場所、シチュエーションでの撮影に挑戦する。

一九九八年はしし座流星群が流星雨になるということでマスコミが大騒ぎした。しかし一ヶ月早い一〇月に出現するジャコビニ流星群にも大きな期待がかかっていた。これまで見た人が少なく「幻の流星群」と言われていた。私は大分県のコスモス畑で撮影したが、花園の上を華麗に飛行する姿には色気さえ感じたほどだった。現在流星群の王様はと聞かれれば、迷うことなくふたご座流星群と答える。暗い空では、一時間当たり五〇個以上出現する。二〇〇七年一二月一五日、南伊豆でまさに名前通りの流星を撮影した。全く同じ長さ、太さの流星が仲良く並んで写っていたのだ！

【ついに実現！　しし座流星雨】

しし座流星群は数ある流星群の中で最も有名だ。それは過去何度も流星雨（一時間当たり数千〜百万個）を降らせているからだ。母彗星はテンペル・タットル彗星で三三年の周期で太陽に近づく。このとき彗星本体から大量の塵が放出され、その中を地球が通過することで流星雨となる。初めて観測したのは九五年だった。まだ明るい流星は少ないが、ペルセウス座流星群に迫るほどの活況だった。九六年は青緑色の大流星が出現し、王者の片鱗を見せてくれた。九七年は明るい流星がバンバン流れ、いやが上にも翌年への期待が高まる。そして本番の九八年一一月一七日、私は信州・川上村で臨んだが、結果はペルセウス座流星群並みであった。予想された日本でのピーク（極大）がずれたことを後で聞かされた。ずれた理由は、塵の集団（ダストトレイル）が必ずしも母彗星の軌道と一致しなかったからだ。

イギリスの天文学者デビッド・アッシャーは塵の軌道を正確に計算し、「ダストトレイル理論」を確立する。そして何と二〇〇一年は、日本で一時間あたり五〇〇〇個の流星雨になるとの予測が出されたのだ。そして運命の二〇〇一年一一月一八日、私は北八ヶ岳の大河原峠でその瞬間を待っていた。条件の良い大流星雨など一生に一度だろう。カメラ六台、全天レンズや赤道儀など考えられる限りの装備を持って臨んだ。しし座が東に低い時間から長経路の流星がばんばん飛び、もうこれでも十分なくらい素晴らしい。そして深夜二時頃、天のどこを見ても絶え間なく流星が流れているではないか！　夢ではない。正真正銘の流星雨、ついに我が頭上に成就。しかし三時近くに曇ってしまい、消化不良となってしまった。だが、このおかげで翌週、またまた一生に一度級のとてつもないものを撮ることになろうとは！（後項参照）。

【流星痕】

明るい流星が流れた後、しばらく残像のようなものが見られることがある。これを「流星痕《りゅうせいこん》」というが、高度百キロメートル前後の現象で、高層大気の様子を知ることができる。速度の速いしし、ペルセウス、オリオン座流星群でしばしば観測される。しし座流星群では、何と一時間以上も出ていた流星痕もあった。

115　大火球

大火球、隕石

【流星撮影の醍醐味】

「火球《かきゅう》」とは木星よりも明るい流星のことをいう。光度でいえばマイナス三等以上だ。マイナス五等を超えれば大火球だろう。流星群は彗星起源だが、火球は主に小惑星が起源となる。もちろん、流星群でも塵が大きければ火球となる。流星の輝きが一瞬なのに対し、火球は輝いている時間が長く、赤、青、緑の美しい光輝を伴うことが多い。願い事を三回言うにはもってこいだ。しかし、偶然にもそんなシーンに出くわしたら、驚きで願い事など考えている間もないだろう。私が見たもので印象に残っているのは、二月下旬、蔵王山の樹氷原での火球。低空をオレンジ色に輝く様は実に素晴らしかった。しかし宵の早い時間で撮影態勢ではなかった。小惑星起源の火球は宵の時間に多い。

しかし、いつ現れるかわからない火球を見るには、やはり大きな流星群のときがいい。しし座流星群は火球をよく飛ばし、前項のしし座流星雨では無数に出たが、通常ペルセウス座流星群やふたご座流星群で一晩観測すれば、数個は見られるだろう。活発な年のふたご座流星群では、一〇個以上観測されたこともあった。撮影にあたっては、超広角レンズや対角魚眼レンズを使えば捉えられる率が上がる。

そして忘れてはいけない流星群がある。「おうし座流星群」だ。鎌倉時代、日蓮上人が斬首されそうになったとき、天から目もくらむようなものすごい光の玉が来て、そのただごとでない様相から斬首を免れたという話がある。そのときの光の玉こそ、おうし座流星群の大火球といわれている。私が流星の撮影にはまっているのも、結局はこの火球の魅力と言っても過言ではない。

【隕石】

大火球で、燃え尽きずに地上へ落下したのが「隕石《いんせき》」だ。つまり通常の火球レベルよりはるかに大きなものが大気圏に突入した場合だ。一九〇八年六月、ロシアのシベリア上空でものすごい大爆発が起きた。

「ツングースカ大爆発」と呼ばれるもので、彗星または小惑星が原因とみられるが、不思議なことにその破片はどこにも見られなかった。一九七二年八月、北アメリカのグランドティトン国立公園で白昼ティトン連峰の頭上を飛行する隕石が撮影された。また一九九六年一月六日の夕方、自宅にいるとき外で「ボン！」とまるでガスが爆発したかのような大きな音がした。これが、関東上空に突入し茨城県に落下した「つくば隕石」だ。実際に隕石を感じたのはこのときだけだ。折りしもこの項を執筆してまもなく、隕石がロシアに落下した。それもよりによって、別の小惑星が地球に接近する前日に。テレビでは何度も映像が流れたが、もし夜間だったら昼間のような明るさになっただろう。

【神がかりな夜！】

これから述べることは、私のこれまでの撮影人生の中で最大の衝撃と言ってもいい。一九九七年一一月一日、この夜は志賀高原・横手山山頂でおうし座流星群を目的に撮影していた。しばらくは目立った流星は出なかったが、日付の変わった一時二〇分、北西に青いハロを伴ったおうし座流星群の大火球が出現した。今まで見たこともないほどの大物だった。しかしその四〇分後、さらなる衝撃に見舞われたのだ！北極星付近からエンジ色の火の玉が北斗七星の方へゆっくり飛行し、最後は青白く激しく爆発した。よく流星のことを「宇宙花火」というが、まさに本物の花火そのもののイメージだった。

流星現象に関しては、一般的に前項二〇〇一年のしし座流星雨が最も印象に残っている人が多いだろうが、しし座流星雨はある意味予想されていたことであり、私としてはこの夜の方がずっとインパクトが大きかった。今までで一〇〇〇個を超える流星を撮影したが、その中のナンバー1とナンバー2を同日同夜、それもたった四〇分の間に撮影してしまったのだから！　しかも両者とも何ときわどく写野に収まっていることか！　長ければ長いほど写野に収まりにくくなる。まさに神がかっているとしか言いようがない。

しかし、そんな神がかり的な奇跡に頼らなくても、大火球観測の絶好のチャンスが二〇一五年一〇月末から一一月中旬にかけてやってくる。先述のおうし座流星群が、近年で最高の条件となるからだ。

119　オーロラ

オーロラ

【少年時代の憧れ】

オーロラを初めて知ったのは小学生のときで、何かの事典で写真が出ていた。確か南極で撮影されたものだったと思うが、子供心にも憧れを抱くには十分な光景であった。しかし北極や南極でしか見られないものと思い、とても現実に見るのは無理だと思っていた。その後アラスカなどの北極圏でも見られることがわかった。そして太陽柱など自然現象の撮影を本格的に始めた頃、都内の某ギャラリーでオーロラ写真家の写真展とトークショーに行った。フィンランドのラップランドで撮影されたものだったが、オーロラ以外の民俗的な話もあり、すっかり魅了された。トークショー終了時にラップランドのツアーパンフレットを渡され、すぐに申し込んだ。こうして子供の頃の夢が現実のものとなった。

その年の三月、ラップランドのサーリセルカへ向かった。しかし毎晩曇られてしまい、何とか最終夜にわずかな時間見られただけだった。規模も大きくはなかったが、それでも初めて見た感激はあった。翌年の九月中旬、今度はアラスカ・フェアバンクスに行った。そしてついに、オーロラの真の姿を知ることとなった。滞在した中頃のことだった。天頂に白い線が現れた。と次の瞬間、天が四方に裂け始め、裂け目から光の大蛇が出現した！　大蛇はみるみる巨大になり、全天を激しくうねり始めたのだ。もう美しいとか素晴らしいというものではない。一種恐怖にも似た感情だ。同行した女性たちは「キャー！　キャー！」と悲鳴をあげるだけ。私はつとめて冷静さを保ちシャッターを切っていたつもりだったが、二時間余りのオーロラショーを終えロッジに戻った時は、頭はクラクラ、なかなか寝付けなかった。

この時のように、全天にわたって激しく動くのをオーロラの「ブレイクアップ現象」という。ブレイクアップ現象に遭遇しようものなら、誰もが平静を保つことは難しいと思う。美しさと同時にオーロラには理性を狂わせる魔力も感じる。

撮影は広角レンズで下部に樹木や建物などを入れ、露出は月の有無やオーロラ自体の強さにもよるが、F二・八、感度一六〇〇で五〜三〇秒の範囲だろう。デジカメはすぐに撮影画像を確認できるので便利だ。

【夏に極楽ウオッチング！】

すでに述べているが、オーロラと流星の同時撮影を強く望んでいた私は、ペルセウス座流星群で出来れば最も理想的と思っていた。しかしペルセウス座流星群の頃、極北地方はいわゆる「白夜」で完全な夜がなく、オーロラも星空も見えないと思っていた。しかし、某旅行会社の「カナダ夏のオーロラ」というパンフレットを見たら、催行は八月一五日からとあった。これならペルセウス座流星群の極大日とほとんど変わらないではないか。ここはだめもとでもいいから、行ってみる価値は十分あると判断した。

カナダ・イエローナイフには八月一〇日深夜に到着。到着後すぐに観測場所へ移動する。そして空を見ると何とオーロラが出ているではないか！　それも淡いイメージでなくはっきりと。あっけなく観測できいささか拍子抜けもしたが、その後、六夜全てオーロラを観測出来た。肝心の流星も何枚かオーロラとの競演は撮影出来た。そして最大の成果は、前項でも述べたが月暈と流星を同時に捉えられたことだった。翌年も再びイエローナイフ、そして少し南のフォートマクマレーへ行った。テーマは湖面に映るオーロラとペルセウス座流星群の競演だ。両者が同時に映るのはまさに至難だが、かろうじて撮影出来た。

夏のオーロラは冬よりもむしろお勧めだ。言うまでもなく厳寒から解放され、体やカメラへの負担もはるかに軽減される。写真はどうだろう。夏の早い時期なら花とオーロラなど想像もつかないような写真が可能だ。また雨も降ることから、月があればそれこそ月虹とオーロラという競演が実現するかもしれない。今までにないオーロラ写真の可能性がぐんと広がる。今では夏のオーロラもだいぶ認知されてきたようだ。

以前、テレビでアラスカの家族が「ここには何もないけれどオーロラがある。神様オーロラだけは持っていかないで」と言っていたのが大変印象に残っている。オーロラのメカニズムは、太陽風という荷電粒子が地球大気とぶつかることで生じるのだが、細かい理屈よりも創造主の思いやりを感じずにいられない。

日本のオーロラ

【低緯度オーロラ】

日本でもオーロラは見られると言ったら驚かれるだろうか。オーロラは太陽活動と密接な関係がある。太陽黒点で大きなフレア爆発が起こると、磁気嵐が生じ日本などの低緯度でもオーロラが観測されることがある。通常、オーロラのカーテンの下端は地上から一〇〇キロ、上端は二〇〇から三〇〇キロほどだ。それが磁気嵐のときは上端が一〇〇〇キロにも達する。地球は丸いので、日本から観測されるオーロラはこの上端の部分だ。したがって極北で見るイメージではなく、地平線の上に白っぽく認識できる程度だ。

またオーロラのカーテンは下部が緑色、上部が赤色なので日本で観測される場合、古来よりしばしば「天に赤気あり」といわれた。もちろん見られるといってもその頻度は極めて少ない。およそ一〇年に一、二度くらいだろう。最も古い記録は日本書記にある。近年の大規模な出現は、一九八九年一〇月二一日の北海道から東北。このときは、北海道で偶然見た著名な写真家は「山火事のようだった」と言ったそうだ。

【北海道でニアミス！】

私も日本でもオーロラを見たいと思っていたが、これは一生かかっても困難と思っていた。何せ一〇年に一度のことだ。ただチャンスは太陽活動の盛んな年だ。当時は太陽活動の一一年周期説が有力だったので、二〇〇〇年から数年間頻繁に北海道に行くしかないと思っていた。しかし、それでも雲をつかむようなもので、完全に運を天にまかせるしかないと思っていた。

アラスカ・フェアバンクスで素晴らしいオーロラと出会った翌年の一九九二年五月、北海道に祖先の墓参に行った。帰宅してからオーロラに関する原稿を執筆していた。その原稿を執筆の最中、新聞で「北海道でオーロラ出現」の記事と写真を見た。日付を見て驚いた。何と墓参から帰宅した日であった！　真っ先にもう一日滞在していたら、との思いが巡った。しかし、一方でイヌイットの伝説を思い出した。その伝説は「オーロラの光は死者の魂を冥界に導く松明（たいまつ）なのだ」と。祖先の成仏を確信したのは言うまでもない。そしてこの九年後、夢が現実のものになるとはこのとき知る由もなかった。

【奇跡のリレー】

一生に一度級の大スペクタクル、しし座流星雨。詳細は前項に記したが、後半は曇られてしまい消化不良に終わった。そしてこのことが翌週も撮影したいという思いに駆らせた。私は志賀高原の渋峠へ行った。目的は峠での全天写真と枯木をあしらった星景写真だ。初日に目的は達したが、この時期にしては天候が大変良く、もう一日撮影したいという気持ちが強くなった。実は当初、友人との打ち合わせがあり下山する予定だったが、峠から電話して打ち合わせを延期させた。この決断が、奇跡実現の決め手となった。

一一月二四日、前日と同じポイントへ行き、枯木の星景写真を撮影する。だが前日と違い、北の地平線が少し白っぽく明るいではないか。しかしこの方向に町明かりはないはずだ。もしかしたらスキー場の照明だろうか。不思議に思ったが気にせず撮影を続けた。帰宅後現像して、ますます不思議の度合いが強くなった。例の地平線の上がピンクに色付いているではないか！　スキー場で赤いカクテル光でも点けていたのかな、とも思った。それからまもなく新聞を見て、疑問は氷解した。他の場所で撮影されたオーロラの記事と写真が出ていたのだ。しかもその場所は、何としし座流星雨を撮影した北八ヶ岳・大河原峠ではないか！　不思議な一致もあるものだと思いつつ、こうして日本でオーロラを撮影するという夢は実現した。しかも渋峠の群馬県側だったので、関東初撮影でもあった。

もし、しし座流星雨が完全燃焼であったら、骨休めで撮影には行っていなかっただろう。これはまさにしし座流星雨という奇跡がさらなる奇跡を呼んでくれた結果だと思う。これ以降は、大規模フレア爆発に伴いオーロラの出現予測が可能となる。二〇〇三年一〇月末、二度目の遭遇はこの予報による。太陽活動が盛んになってきているので、今後日本でもオーロラが見えることが期待できるだろう。北の低空に町もないのに白っぽく光を感じたら、カメラを向けてみよう。

127　皆既日食

皆既日食、金環日食、皆既月食

【皆既日食】

「皆既日食《かいきにっしょく》」とは月が太陽を隠す現象だ。つまり太陽、月、地球の順に一直線に並ぶわけだ。このときは通常見られないコロナ（太陽から出ているプラズマのガス）が見られる。実は私は数ある自然現象の中で、皆既日食は最も遅く体験した。現象自体は機械的で毎回同じだろうと考えていたが、実際に体験してみないと論ずることは出来ないので、二〇〇八年八月一日、中国・伊吾《イゴ》で初めて観測・撮影をした。

昼過ぎに観測場所に到着。午前中は好天だったが、夕方近くになりだいぶ雲が多くなってしまう。雲越しに三日月型に欠けた太陽がわかる。皆既の時間が迫るにつれ、だんだん空が暗くなり気温が下がってくる。そして皆既の直前、何と雲間から太陽が顔を出したのだ！　一気に気持ちが高ぶる。太陽が月に完全に隠される寸前の最後の煌めきを見た。まるでダイヤモンドの指輪のようなことから「ダイヤモンドリング」と呼ばれる。そして次の瞬間、太陽が群青色の空の中、銀のリングに変わったではないか！　まさに一瞬で天地が変わってしまったのだ。皆既の時間はわずか二分、もう胸が鳴りっぱなしだ。このハラハラドキドキ感、一瞬のうちにレッドゾーンを超える興奮は他の自然現象では味わえない。おおげさだが人生観さえも変えてしまうかも知れない。皆既中はなるべく連続的にシャッターを切ったが、「本影錐《ほんえいすい》」と呼ばれる月の影も写っていた。なお、伊吾から少し離れた場所では皆既の直前に雲の中という結果だった。皆既日食では観測場所のわずかな違いで明暗を分けることがある。

【金環日食】

「金環日食《きんかんにっしょく》」について今さら説明するまでもないだろう。二〇一二年五月、本土では五八年ぶりに見え社会現象となったのも記憶に新しい。メカニズムは皆既日食のときよりも月が太陽により近く、そのため見かけの大きさが太陽よりも小さくなる。その結果、太陽の月の周りにはみ出た部分がリング状に輝く。

二〇一〇年一月一五日には、ケニアからミャンマー、中国にかけて今世紀最長の金環日食が見られた。継続時間は八分という長さだ。私が観測したのは中国の青島（チンタオ）。ここでは日没直前に金環となり、その後も欠けながら海に沈むという大変得難い光景となる。

青島に到着すると、ガイドが開口一番「二つの観測候補地があります。市内のヨットクラブのハウス、もう一つは紅島という場所です」と。とりあえずヨットクラブのハウスに決めた。太陽が欠けてきたが、太陽の左側に幻日（前項参照）が出ているではないか！　金環日食と同時に撮影出来れば前例がないだろう。しかし残念なことに、金環まであと少しというときに幻日は消えてしまった。太陽が細い三日月のようになっている。薄雲と水平線近くによる大気減光で、裸眼でも見える。そしてついに金環となった！　だが、黄金のリングの下にはぶ厚い雲があり、継続時間の半分ほどで無情にも雲の中に沈んでしまった。

翌朝ガイドが「紅島でなくて良かったですね。もし紅島だったら金環になる直前に雲の中でした」と。そうなのだ。紅島の方がさらに東なので、より水平線近くで金環となったわけだ。なんという微妙な差だろう。今回の金環もわずかな観測地の違いが明暗を分けた。この年、日本在住の中国人の知人からの年賀状に次のような語句が書いてあった。「萬事如意」。願いが思いのままに叶うという意味だが、今回の成功は彼のこの言葉が後押ししてくれたように思えてならない。

【皆既月食】

「皆既月食《かいきげっしょく》」は太陽、地球、月の順に並ぶときに起こる。つまり、月が完全に地球の影（本影）に入るわけだ。私が初めて皆既月食を観測したのは二〇〇〇年七月一六日だった。このときは皆既時間が一時間四七分と非常に長いのが特徴であった。当日は信州の霧ヶ峰で撮影した。月が隠されるにつれ徐々に暗くなり、天の川（次項で解説）もだんだんはっきりしてきた。そして皆既となる。暗夜にぽっかりと赤銅色の月が浮かんでいるのが見える。この赤銅色は、地球大気の長い部分を通過してくる波長の長い赤い太陽光による。皆既月食は皆既日食のような劇的な変化ではないが、それでも神秘さを感じるには十分だ。

天の川

天の川と黄道光

大気光

天の川、黄道光、対日照、大気光

【天の川】

天の川は銀河とも呼ばれ（英語でミルキーウェイ）、星の密集地帯のことだ。そしてこれほど宇宙へのロマンを感じる言葉もないだろう。初めて天の川を知ったのは、幼少時に聞かされた七夕伝説であった。夏の宵の時間に都市光の影響の少ない山や高原で見ると白っぽい帯のように見える。天の川の最も立派な部分は南のいて座あたりで太く見える。これは天の川が凸レンズのような形をしており、私たちの地球も銀河の中にあるが端の方で、凸レンズのふくらんだ中心がいて座あたりとなるからだ。この天の川には無数の星雲が散りばめられている。写真はボルネオのホタルの木と天の川の競演だが、天の川をよく見ると、赤い色をした点がいくつか見られる。「散光星雲《さんこうせいうん》」と呼ばれるものだが、双眼鏡で見ると抜群に美しく、まさに夜空に散りばめられた宝石だ。

そんな美しい天の川だが、現在の日本で本当の天の川の姿を知っている人はどれほどいるだろう。昔の人ならまだしも、都会の子供たちは見たことがない子がかなりいるのではないだろうか。言うまでもなく、大きな都市は人工光の影響で天の川はおろか三等星もよく見えない。地方へ行っても街中からでは見づらい状況だ。今の日本は、天の川の中心部である南を中心とした空が都市光の影響を受けない場所は、ごく限られてしまっている。山奥か半島の端部だ。奥日光の戦場ヶ原ですら、南方向は北関東や首都圏の光で三〇度くらいの高さまで影響を受けている。関東周辺なら南会津と呼ばれる福島県南西部、新潟県の奥只見、静岡県南伊豆あたりがまだ良好な天の川や星空が残っている。

最近ではニュージーランドのテカポが星空世界遺産登録に向けた動きをしている。日本の星空の美しい自治体ももっと星空をアピールし、星空を守る条例が制定されれば余計な都市光の増長の歯止めの一助になるだろう。美しい星空に接することは、人間の感性を養う上で大切なことだと思う。

【黄道光・対日照】

「黄道光《こうどうこう》」とは、地球から見たみかけの太陽の通り道（黄道）に沿って存在する塵が太陽の光を受けて、夜明け前や日没後の空に舌状の光芒として観測されるもの。天の川よりも淡い光なので、都市光の影響があれば見られない。日本では光害のない空では冬から春にかけて日没後の西空に、秋は夜明け前の東空に見やすい。夜明け前の東空では薄明が始まる前から確認出来る。一般に薄明の始まりで太陽の存在を意識すると思うが、実はそれよりも前にすでに黄道光で太陽のサインを認識出来るわけだ。人工光の影響のない世界の暗い場所では、天頂まで伸びるような強烈なイメージの写真を見ることがある。これはもう宇宙レベルの太陽柱のようなものだ。南米ボリビアのウユニ塩湖は、人工光の影響がほとんどない三六〇〇メートルの高地で、日没後、天の川と天高く伸びた黄道光がクロスするシーンは見事だった。

「対日照《たいにちしょう》」も黄道光同様、太陽光が塵を反射することで生じるものだが、太陽の正反対の位置にこぶし数個程度の楕円状に観測される。つまり夜間に太陽、地球、塵の順で並ぶとき、地球の観測者からは塵が太陽の光を正面から反射させることで観測される。これは満月のときの位置関係と同じだ。月も塵も正面反射のときが最も明るくなる。とはいえこの対日照、黄道光よりずっと観測は難しい。光害のない場所が最大の条件だが、黄道光以上に淡く、時季や時間的な工夫も必要となる。南の空最も高い位置にあること、その位置に天の川がないかがポイントになる。二～四月、八～一〇月の〇時前後が観測しやすいだろう。

【大気光】

全天の星空写真を撮影していたとき、あることに気が付いた。季節により星空の色が全く異なるのだ。例えば夏はマゼンタ（赤紫）なのが、冬は青っぽく発色していた。この青色は「大気光《たいきこう》」の影響だった。大気中の酸素、窒素分子が日中太陽光を受けて励起され、夜間元の状態に戻るとき発光する。中国のパミール高原で全天を撮影したとき、初めはマゼンタだったのがだんだん緑がかってきた。同じ日でさえ夜空は変化している。一見漆黒の空も厳密に言えば日々同じ空ではない。もちろん肉眼では差はわからないが。

ルブアルハリ砂漠の星空

クラビの星空

マウントクックの星空

デリケートアーチの月光芒

世界絶景の星空

【世界の絶景で見る星空】

日本の四季折々の風物詩と星空の競演も美しいが、日本以外の地球の素晴らしい場所で見る星空もまた格別なものがある。極地、赤道圏、南半球。地球は広く、その地域でしか見られない星空がある。未知の場所では見慣れた星座も新鮮に感じる。撮影にあたってはその土地ならではの風景と星座を組み合わせるとよいだろう。最終項は、私自身が体験したそんな世界各地の絶景の星空について述べてみたい。

【砂漠の星空】

砂漠の星空——誰もが恐ろしく暗黒で美しい星空のイメージを持つだろう。一一月にアラブ首長国連邦最南部の砂漠へ行った。北緯二〇度少々と沖縄本島よりも南だ。アラビア半島の南部を占める世界最大級の砂砂漠、ルブアルハリ砂漠の一角でもある。どこまでも続く砂丘群は、まさに大砂漠を実感する。初日こそ快晴に近かったが、思いのほか雲もあり、最終日は空全体が薄雲に覆われてしまった。そして意外だったのは、地平線の透明度が良くなかったこと。考えてみれば、目に見えないレベルの砂埃でも、それが地平線数十キロにわたって埃の層になるのだから当然だ。一種のエアロゾルの層となっている。日没でも太陽が赤く色付いた。しかし無風で条件が良ければ素晴らしい星空だろう。ただホテルや点在する施設の明かりが目についた。

この緯度で一般的に見られる世界最高の星空は、ハワイのマウナケアだろう。標高が四〇〇〇メートルを超えているが、山頂まで車道があり、サンセットやサンライズと組み合わせた星空観測ツアーがある。

【赤道圏の星空】

赤道を中心に南北一〇度以内なら赤道圏といってよいだろう。そしてこの緯度は熱帯と呼ばれる地域でもある。私が訪れた場所はタイ、ボルネオ、モルジブ。当然のことだが、まず感じることはとにかく暑いということ。夜間でも少し移動しただけで汗だくになる。暑いせいか空の透明度も今一つだった。しかしホタルの木を観察したボルネオでは、スコールの後は素晴らしい星空となった。赤道圏の場合、雨季と乾季に注意する必要がある。モルジブでは、近年乾季と雨季の区別が明確でなくなってきているそうだが、乾季の三月に数日滞在し、全て快晴に恵まれた。高山のような透明度はないかわりに、水平線に沈む月によるオレンジ色の見事な月焼け空が撮れた。

アンダマン海の景勝地、タイのクラビでは一一月の乾季だったが、激しいスコールに見舞われた。世界遺産で有名なベトナムのハロン湾をミニチュアにしたような奇岩群と白砂のビーチが素晴らしく、横たわったオリオン座がほぼ垂直に昇る。日本からいきなり南半球に行くと、オリオン座が逆さになり、日本で見慣れた目には奇異に感じるが、赤道圏で見てから南半球へ行けば、まだ自然に受け入れやすいと思う。日本では南の地平線スレスレで見づらいカノープスがだいぶ高い。赤道圏は天気の変化が激しいが、逆に曇りや雨でも星見のチャンスはあるだろう。

【南半球の星空】

赤道から南下し南米ボリビアのウユニ塩湖へ。標高三六〇〇メートル、南緯二〇度に広がる広大な塩湖は五～一〇月の乾季は一面真っ白な大地、一二～三月の雨季は浅く水が張り一面の水鏡となる。私は乾季に天頂近くの天の川中心部で星影が生じるのを体験した。最近は雨季の星が水鏡に映る写真をよく見る。真っ白な塩湖はほかでも見られるので、雨季のほうが面白いかも知れない。高台から塩湖を撮影したら、驚くほど地平線まで星がよく写り、南半球の星空の奇観・大小マゼラン雲も本当に小さな雲のようだ。

さらに南緯四〇度まで下がる。この緯度だとニュージーランドのテカポが有名で、日本からも天体撮影ファンのメッカとなっている。しかし絶景という点では、やはり最高峰クック山麓で見る星空は格別だ。もう二〇年近く前に、五月のみずがめ座流星群を撮影しに行ったが、夜明け前、クック連山とその頭上に輝く天の川の競演は息を飲むほど素晴らしかった。

おわりに

【撮りたい写真が実現する不思議】

山岳写真をやっていた頃は、いきあたりばったり的に撮っていましたが、自然現象をテーマとしてからは、具体的に撮りたいイメージの実現を望むようになりました。その中には思い通り実現したものもありますが、たいていは困難なものばかりです。しかし文中でも述べましたが、あるとき突然目の前に現れて撮れた、というのを何度も体験しています。

なぜ思いがけずそのシーンが現れ、撮れるのかよくわかりませんが、私の体験からでは「こういうシーンを撮りたい！」とイメージし日頃から強く思っていること、としか言いようがありません。そしてただ漠然とでなく具体的に撮りたい対象の知識、撮影場所や撮影方法まで意識して。また写真に限らずイメージすることは実現するという人もいます。そして何よりも大切なことは自然、宇宙に対する感謝の気持ちだと思います。人間の意識はどこかで他の人や自然、宇宙ともつながっているのでは、と思うこともあります。もちろん、それを証明することはできませんが。しかしそうであるなら、これまで体験した不思議なことも理解できるような気がします。

実際、不思議な体験は自然だけでなく人間同士でも起こります。例えば、今日知り合ったばかりの人と一週間後に路上でばったり出会うとか。「太陽柱」の項に出てくる名寄の写真愛好家グループのメンバーの息子の奥さんが、何と私の知人の妹だったということを後日知り、びっくり仰天したこともあります。また横手山で大火球を続けて撮影した夜は、旧友から一〇年ぶりに連絡がありました。「驚きの月の出」の項でも述べましたが、三週続けて山へ行き、過去出会った人とばったり会うことは、無意識に私もその人たちのことを思い、向こうもまたこちらのことを気にかけていたのかも知れません。

その筋の専門用語や心理学では「シンクロニシティ」と呼ばれますが、写真撮影においてこのことに言及したことは、今までにないと思います。ちょっと写真と離れた話題になってしまいましたが、私は宗教家でも何でもありません。ただひたすら自然現象、自然写真を追及していただけです。写真、それも特に自然科学の分野を撮影していますが、自然現象の神秘、不思議さとともに、出会いというものの不思議さや人智を超えたものも感じずにはいられません。

【銀塩とデジタル】

今ではデジタルカメラが全盛ですが、私はいまだに銀塩フィルムを使用しています。本書の写真も全て銀塩フィルムです。これはどちらが優劣かよりも、フィルムという実体があることの安心感によることが大きいです。もちろんデジタルも、その場で撮影画像を確認できることは大きな魅力です。

デジタルでは、「比較明合成《ひかくめいごうせい》」という手法で画像処理されたものをよく見ます。これは短時間連続して撮影したコマの明るい部分をパソコンで合成するもので、流星写真でよく用いられます。つまり撮影時間中に出た全ての流星を一枚の写真に収めるもので、当然数が多くなり見栄えがします。もちろんそれも、デジタルならではの表現方法だと思います。しかし、何も知らない人は流星が一度に出現したと思うおそれもあり、真実とかけはなれたものとなってしまいます。自身のメモリアルフォトとしてならともかく、発表する際は必ずその旨を明記するべきでしょう。画像処理も行き過ぎると、もはや写真の範疇を超えたものになってしまいます。現実にはありえないと思える流星の星景写真がある書籍に掲載されていました。自然写真において画像処理よりも大事なのは、気付き、発見、視点を養うことであると私は思います。

最後に本書を出版するにあたり、地人書館の飯塚氏にはご尽力いただきました。いつもながら感謝いたします。

二〇一三年六月　アメリカ・ホワイトサンズ取材を終えて

駒沢満晴

P106　百武彗星　昔の版画の世界が現実に！ 樹木とバランスを取りながら撮影する．96.3/26．山梨県・金山平．
P107（上）HB彗星（ヘール・ボップ彗星）　薄明のわずかな時間，奇跡的に晴れた．樹氷群と彗星，まさに神秘の競演！ 97.3/17．青森県・八甲田山．
P107（下）HB彗星（ヘール・ボップ彗星）　太陽から遠ざかるがまだまだ大彗星の風格だ．池面に映える．97.4/25．長野県・戸隠高原．
P110　しし座流星雨　1分の露光で10個の流星を確認．中央上に流星痕．01.11/19．長野県・北八ヶ岳．
P114　大火球　しし座流星雨と同じ24ミリレンズ．その巨大さがよくわかる．まるで本物の花火のように輝いた．97.11/2．長野県・横手山．
P118　オーロラ　派手な色あいだが，肉眼では白く見えた．ふたご座流星群との競演に酔いしれた．01.12/13．アイスランド・ゲイシール．
P122　日本のオーロラ　低空が白っぽく光っていたが，まさかオーロラとは！ 01.11/24．群馬県・渋峠．
P126　皆既日食　天空の大スペクタクル．上部の濃紺の空と右下の明るい空とを区切る斜めの円弧は，月の影（本影錐）との境である．08.8/1．中国・伊吾．
P130　天の川　ホタルの数は少ないが，天地光の競演に歓声をあげた．12.9/9．マレーシア・ボルネオ島．
P131（上）天の川と黄道光　標高3600mあり，天の川と黄道光（右の舌状の光）がクロスするシーンは最高の星空アートの一つ．10.9/3．ボリビア・ウユニ塩湖．
P131（下）大気光　同じ場所から1日違いで撮影．左の写真は大気光の影響で緑がかっている．夜空も日々移り変わっていることがわかる．04.8/13（右），14（左）．中国・パミール高原．
P134（上）ルブアルハリ砂漠の星空　中央下，全天2番目に明るい恒星カノープスは日本では南の地平線すれすれだが，ここではけっこう高い．12.11/下．UAE（アラブ首長国連邦）．
P134（下）クラビの星空　アンダマン海の景勝地．赤道に近くなり左中央，カノープスがさらに高い．11.11/18．タイ・クラビ．
P135（上）マウントクックの星空　サザンアルプスの頭上に天の川が輝く．明るくはないがみずがめ座流星群も出現．95.5.7．ニュージーランド・クック山麓．
P 135（下）デリケートアーチの月光芒　月からの光芒がアーチに降り注ぐ．まさに，スポットライトを浴びたスターだ．11.8/11．米国・アーチーズ国立公園．

【カバー掲載写真一覧】

表紙（上）四角い太陽　流氷で覆われた根室海峡の奇跡が現実に！ 03.2/22．北海道・標津町．

表紙（右下）夏のオーロラ　湖面に映るのはこの時季ならでは．02.8/11．カナダ・イエローナイフ．

表紙（左下）太陽柱　夕方のピヤシリ山．樹氷を前景にサンピラーを撮影．08.1/21．名寄市・ピヤシリ山．

裏表紙（上）月焼け雲　地平近くの月で雲が黄色く色付いた．流星も出現．97.8/13．山形県・月山．

裏表紙（下）薄明　日の出まで1時間ほどで，水平線の色の美しさも最高潮．タイミング良く2個の流星が飛来する．07.12/15．静岡県・南伊豆町．

表袖（上）月光柱　北国の厳かな夜明けの森に，月光柱が存在を知らせた．95.1/18．名寄市・九度山麓．

表袖（中）幻月　左右の斑点が幻月．上端接弧，短いが幻月環も出ている．00.7/17．長野県・霧ヶ峰．

表袖（下）光柱　スキー場の人工灯により，光柱が天高く伸びた．08.1/21．名寄市・ピヤシリスキー場．

裏袖（上）鳥の形の雲　晩秋の白駒池．見上げると巨大なフェニックスが．96.10/下．長野県・北八ヶ岳．

裏袖（中上）裏後光　夕方の東方，地平線に収束する光線が現れた．11.8/中．米国・キャニオンランズ．

裏袖（中下）月白虹　温泉池の蒸気と月光により，白虹が出現した．09.8/中．米国・イエローストーン．

裏袖（下）雪面の宝石　雪面の氷晶が太陽光を屈折させ，赤や緑に輝く．91.12/15．栃木県・鬼怒沼湿原．

【本文掲載写真一覧】

P10　ダイヤモンドダスト　その存在を知っていても実物を目の前にすると言葉も出ない．富士山と鳳凰三山をバックに金色に輝く．91.1/中．南アルプス・駒津峰．
P14　太陽柱　素晴らしい朝焼け雲とともに，富士山の左に出現した．89.11/上．南アルプス・農鳥小屋．
P18　円形映日　映日は，まれに紡錘形や円形のものもある．あたかも森の中から現れたUFOのようだ．95. 1/17．北海道名寄市・九度山．
P22　幻日，幻日環　日暈と一緒に出現．右側の幻日環は非常に長くなった．96.9/29．福島県・鎌沼．
P26　幻日　奥穂高岳の真上に現れた色鮮やかな幻日．まさに穂高の神の化身としか言いようがない．90.11/下．北アルプス・クリヤノ頭．
P30　ブロッケン　輪が三重になっている．遠景の山は北アルプス乗鞍岳．91.1/中．南アルプス・駒津峰．
P30（小）光環　夕方なので減光され，樹氷を前景にそのまま撮影．98.2/11．長野県・横手山．
P34　月暈　月暈に向かってペルセウス座流星群が飛んだ！ ずっと思い描いていた光景が実現した瞬間．01.8/12．カナダ・イエローナイフ．
P38　白虹　遠ざかる霧に向かって歩を進めた．よく見ると月齢17の月と重なっている．左端は至仏山．04.10/2．群馬県・尾瀬ヶ原．
P42　月光虹　肉眼ではよくわからなかったが，写真にははっきりと写った．11.4/下．米国・ヨセミテ．
P46　環水平アーク　長さや濃淡の変化をなるべく長く観察した．10.6/25．スイス・ユングフラウヨッホ．
P50　彩雲　ダイヤモンドダストが舞っている中での出現だった．97.1/11．長野県・渋峠．
P54　朝焼け雲　台風が接近していて，美しくも異様な感じの朝焼け雲だった．96.8/14．新潟県・苗場山．
P58　月焼けの樹氷　沈もうとする月に照らされ黄色く染まる．流星も出現．02.12/14．長野県・横手山．
P62　くびれた太陽　四角から奇怪な姿に！ まるで海上に現れたエイリアンだ．03.2/22．北海道・標津町．
P63（小）蜃気楼　遠くの家並みが浮かび，下に逆転像が．上冷下暖の蜃気楼．01.2/上．北海道・別海町．
P66　太陽百面相　グリーンフラッシュから始まった太陽の変形ショー．時間も長く，変形のバリエーションも豊富だった．06.1/29．群馬県・渋峠．
P66（小）太陽百面相　日本海に沈む夕日の変形．タイミングよく船が通った．05.5/14．京都・丹後半島．
P70　驚きの月の出　夕日に焼けるシーンを撮影していたら，槍ヶ岳からの全く予期せぬ月の出現に驚かされた．88.10/23．北アルプス・鏡平．
P70（小）蓑掛岩の月の出　二つの岩の真ん中から三日月が出現した．08.1/4．静岡県・南伊豆町．
P74（上）竜巻雲　南岳の上に垂直に一本の雲が立っていた．91.1/初．北アルプス・穂高平．
P74（下）山影　笠ヶ岳の山腹に影穂高が現れた．90.12/末．北アルプス・涸沢岳西尾根．
P75　雲海　中国の名峰・黄山．月に照らされた雲海の右上に木星が輝く．11.12/中．中国・黄山．
P78　光芒　朝テントから出ると，神々しい光景が．まるで後光のようだ．04.8/14．中国・パミール高原．
P82　地球影　この時季にしては貴重な快晴．ビーナスの帯の下に満月が昇る．98.2/11．長野県・横手山．
P86　ピナツボ噴火の変　噴火から2年たつが，まだ紫がかった薄明だ．94.8/中．北アルプス・五色ヶ原．
P90　遠雷　海上に閃光が光った次の瞬間，ふたご座流星群が飛来！ 夢の光景は思わぬシチュエーションで実現した．07.12/15．静岡県・南伊豆町．
P94　火映　火口からの光で噴煙が赤く染まる．上空には満天の星空．09.12/14．ハワイ・キラウエア．
P94（小）湖映　ターコイズブルーの湖面が雲の下部を色付かせる．12.3/11．アルゼンチン・パタゴニア．
P98　夜空に浮かぶモンスター　夕日が沈んだ後の薄明に染まる樹氷群．95.2/11．山形県・蔵王山．
P102　朝日に染まる氷の彫刻　昇る朝日が御神渡りをみるみる染める．まるで生命を吹きこまれているようだ．07.1/5．北海道・塘路湖．

■著者紹介

駒沢満晴（こまざわみつはる）

1960年東京生まれ．小学生より風景，山岳の美しさに目覚める．中学よりカメラを持参し八ヶ岳，日本アルプスなどに四季を問わず入山．新しい山岳写真の可能性を模索していたところ，フィンランド，アラスカで素晴らしいオーロラを見て，大気光学現象の世界に目覚める．93年ペルセウス座流星群と出会い，以後星景流星写真も追求する．これまで1000個以上の流星を撮影し，長年に渡って天文雑誌にも数多くの記事を執筆．現在は，世界中の絶景とその頭上に輝く星空や流星を撮影している．日本自然科学写真協会，日本流星研究会会員．

＜カバー表写真＞
上）流氷の上に昇る四角い太陽．北海道標津町にて
右下）夏のオーロラ．カナダ・イエローナイフにて
左下）太陽柱．北海道名寄市・ピヤシリ山にて
＜カバー裏写真＞
上）月焼け雲と流星．山形県・月山にて
下）明け方の薄明と流星．静岡県南伊豆町にて

カバー写真 ／駒沢満晴
カバー・本文デザイン／くどうさとし

空のアート

大気光学現象の神秘

◆

2013年8月10日　初版発行

著　者　駒沢満晴

発行者　上條　宰

発行所　株式会社地人書館

〒162-0835　東京都新宿区中町15

TEL 03-3235-4422

FAX 03-3235-8984

郵便振替　00160-6-1532

E-mail　chijinshokan@nifty.com

URL　http://www.chijinshokan.co.jp

◆

印刷所　モリモト印刷

製本所　イマキ製本

◆

ISBN978-4-8052-0863-2　C0044